U0186420

动物尸体的博物志

僕らが死体を拾うわけ

[日] 盛口满 / 著
马文赫 / 译

贵州出版集团
贵州人民出版社

BOKURAGA SHITAIO HIROUWAKE —BOKUTO BOKURANO HAKUBUTSUSHI by Mitsuru Moriguchi
Illustrated by Mitsuru Moriguchi

Copyright © Mitsuru Moriguchi, 2011

Original Japanese edition published by Chikumashobo Ltd.

This Simplified Chinese edition published by arrangement with Chikumashobo Ltd., Tokyo, through
Tuttle-Mori Agency, Inc.

Simplified Chinese translation © 2024 by Light Reading Culture Media (Beijing) Co.,Ltd.
All rights reserved.

著作权合同登记号 图字：22-2024-070 号
审图号：GS 京（2024）1724 号

图书在版编目（CIP）数据

动物尸体的博物志：盛口满科学散文集 /（日）盛
口满著；马文赫译 . -- 贵阳：贵州人民出版社，2024.
10. --（N 文库）. -- ISBN 978-7-221-18517-4

Ⅰ . Q95-49

中国国家版本馆 CIP 数据核字第 2024YG2456 号

DONGWU SHITI DE BOWUZHI（SHENGKOUMAN KEXUE SANWENJI）
动物尸体的博物志（盛口满科学散文集）
[日] 盛口满 / 著
马文赫 / 译

选题策划　轻读文库　　出　版　人　朱文迅
责任编辑　左依祎　　　特约编辑　费雅玲

出　版　贵州出版集团　贵州人民出版社
地　址　贵州省贵阳市观山湖区会展东路 SOHO 办公区 A 座
发　行　轻读文化传媒（北京）有限公司
印　刷　天津联城印刷有限公司
版　次　2024 年 10 月第 1 版
印　次　2024 年 10 月第 1 次印刷
开　本　730 毫米 × 940 毫米　1/32
印　张　9
字　数　147 千字
书　号　ISBN 978-7-221-18517-4
定　价　30.00 元

关注轻读

客服咨询

目录

Chapter 01 为什么我什么都捡 ——————— *1*

来自北国的奇怪信件 / 一派腐烂的气息 / 工作哪有吃饭重要 / 遭遇新型人体实验 / 我逐渐感到不安 / 当生物迷开始逃避生物 / 遇到了奇怪的老师…… / 被一句话指明了方向 / 我从小就爱干这种事 / 分辨比发现更重要 / 画原来也会死掉 / 嘴笨又怕生的我决定当老师 / 和女朋友不欢而散 / "把动物的尸体送过去，那家伙会高兴的" / 最后发展成了什么都捡

Chapter 02 我们为什么捡尸体 ——————— *41*

大吉捡到了日本鼩鼱 / 不忍心把它做成标本 / 活过来了！ / 意料之中的大胃王 / "这个怎么处理？你要吃它吗？" / 24 具尸体之谜 / 越年轻越容易死亡 / 鼹鼠的惊人构造 / 消除身上的"杀气" / 尸体上竟然还有活着的生物 / 宿主就是寄生虫的宇宙啊 / 虽然跳蚤很有趣，但采集几只做标本就够了 / 好了，要解剖貉咯 / 就像脱掉宝宝的衣服 / 欢乐的女子解剖军团 / 生前的食谱看胃就知道啦 / 多多解剖就有新发现 / 微笑着煮起了貉 / 会跳舞的骨架 / 捡腐烂的海豚尸体 / "取骨男"这个人种 / 骨头是生物进化的历史书 / 鲸鱼和我们有着共同的祖先 / 看看头骨 / 骨架四分五裂的艰辛故事 / 即使酒馆倒闭了，也要捡鲸鱼耳朵 / 让我来探明它的真面目！ / 原来鲸鱼也怕吵 / 观察生物一辈子都不会感到厌倦 / 忍不住又去挖了貉的耳朵 / 细节中蕴含着神灵 / 我们为什么捡尸体

Chapter 03 不讨喜生物的奇妙生态 ——————— *129*

最讨厌蟑螂了 / 谁会对蟑螂感兴趣啊 / 田鳖味酱油和食用蟑

螂 / 正因为被讨厌，才更为人熟知 / 毛毛虫还……挺好吃的？ / 越是讨厌越是被吸引 / 有毒的东西更有"人气" / 我们看不见不感兴趣的东西 / 普通的虫子也很有趣 / 五十岚的疑问 / 会飞的虫子中还有不会飞的虫子 / 不会飞有什么好处呢？ / 鸟类如何利用胸部肌肉 / 翅膀的退化是一种了不起的进化？ / 不会飞的生物是怎么来到岛上的？ / 由一件怪事展开了联想 / 竹节太郎，产卵了 / 不需要雄性也能生殖 / 进化之后舍弃雄性？ / 雄性是无用品吗？ / 所以，雄性存在的意义是…… / 自然界的奇妙生殖策略 / 夏天，八丈岛与三宅岛 / 孤雌生殖是死胡同吗？ / 生存在当下，才能创造历史 / 恶魔使者和幸福使者 / 瓢虫的汁液很苦涩，别问我是怎么知道的 / 生者的背后有死者的身影 / 竟然有像瓢虫的蟑螂 / 所以它是长着天使面孔的恶魔吗？ / 骗过天敌才能活下去 / 欺骗、被骗再欺骗 / 进化就是你追我赶 / 不敢碰活物？不如捡尸体吧 / 只要上街走走就能捡到 / 它们是旅行胜地的自然向导 / 让每一天都变得生动、快乐、有趣

Chapter 04　**怪人的快乐世界** ——————————— 221

人类尸体就饶了我吧！ / 就算是我，也喜欢看活生生的生物 / 苍蝇真是各种各样 / 学生也是各种各样 / 太棒了，被鼩鼱咬了（？） / 尸体挖掘现场的录像 / 其实人人都是怪人 / 正因多样性才有趣 / 四叶草其实也很奇怪 / 巨大的蒲公英妖怪 / 在学校附近发现了妖怪 / 每年一到春天就会出现 / 据说还出没于北海道 / 是致死疾病的前兆吗？ / 今年，妖怪又会在哪里出现呢？ / 与生物相伴的快乐一年 / 越来越沉溺于"怪事" / 今后也要努力捡尸体

最后一句 ——————————————————— 271

文库版后记 ——————————————————— 273

解说 怪人谱系 ——————————————————— 277

Chapter
01
为什么
我什么都捡

来自北国的奇怪信件

打开信封，从里面掉出一个被纸巾包着，看起来像细长树根一样干瘪的东西。我一边想着这是什么，一边开始读真树那封用蜡笔写在广告传单背面的潦草信件。

"螳蜥先生（我在学校里的外号，是'螳螂蜥蜴'的简称）好。我现在在青森县六所村附近的野边地町，工作是给两个孩子当玩具，照顾牛以及做家务。昨天又有一头小牛出生了。这里一共有大概八十头牛，小牛约十

★⋯⋯⋯真树寄来的牛脐带[1]

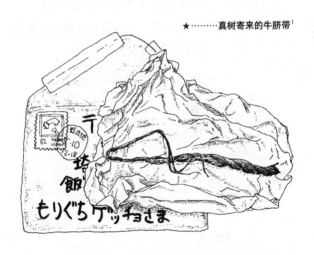

1　本书插图系原文插图，均为作者盛口满手绘。（如无特殊说明，文中脚注均为译注。另，动物尸体身上存在细菌与寄生虫等，易传播疾病，请勿直接接触。）

3　　　　　　　　　　　　　Chapter 01 为什么我什么都捡

头。我用巨大的奶瓶给小牛喂奶时，发现它身上还连着脐带，于是拿剪刀与之大乱斗一番，终于剪下脐带据为己有了。真是，太臭了。说到臭，就想到鼹鼠（这么一说，我想起以前她给过我一具臭得要命的鼹鼠干尸）。说到鼹鼠，就想到螳螂先生。因此，我决定随信附上世间难寻的珍贵的牛脐带。很臭的哦，就像一周没刷牙的大叔嘴里的口臭味。也有更新鲜一点的，比我随信附上的这根要臭一百倍，所以作罢。而且信封如果渗出了脐带的水分，也有点太夸张了，对吧？请您放心研究吧。真树。"

原来如此，怪不得屋里一直有股奇怪的味道。

我一边拿着她的信苦笑，一边重新打量起她寄来

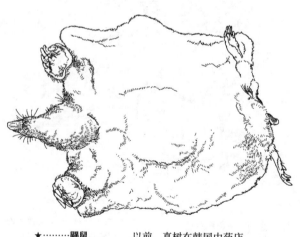

★………鼹鼠   以前，真树在韩国中药店
               里买来的鼹鼠干尸

的东西。

真树是我任职的学校的学生。放假期间，她去一个熟人的农场帮忙，给我寄来了这封奇怪的信。虽然给我寄牛脐带（而且很臭）的她有点"奇怪"，但收到它的我也称得上是个怪人，而这一切都是有原因的。

接下来，我想讲讲这个"奇怪的原因"。

一派腐烂的气息

早上，我窝在睡袋里，蛭虫正在我的帐篷顶蠕动。我拿起枕头边的镊子把这家伙夹起来，用火烤了一下结束战斗。

★⋯⋯⋯在南岛的自画像

绘画工具

野外笔记
（field note）

Field Note No.73

装捡来的东西的塑料袋

胶卷盒

背包里装的东西

铅笔
红环中性笔
（1.3mm 和 2.0mm）

镊子

塑料饭盒

速写本

帐篷外一如既往地潮湿，最近连续几天湿度都在98%以上。湿漉漉的运动服已经在帐篷里挂了两个星期，却丝毫没有要干的迹象。别说干了，甚至还有一股让人怀疑是不是腐烂了的味道。

今天轮到我来做早饭。我在便携锅里放入大米，打开油炉蒸好两人份的米饭，再在锅里倒入一袋鸡肉饭料包搅拌一下就做好了。

大学三年级的初夏，我因参与一项调查，在屋久岛的原始森林住了大约两个月。屋久岛多雨，在梅雨季进山，当然要忍受连日的阴雨。

我终于意识到衣服就算晾干了也没用，即使它被雨打湿后能靠体温和暖炉烘干，依然会被雨再度打湿。我带来的地下足袋[2]本来就破破烂烂的，现在雪上加霜，几乎已经腐烂了。

工作哪有吃饭重要

"这样看不到啊！"

居然说这种话，我想。连续几天我都一边生着气，一边拿着助手用的测量杆在海拔1200米的原始森林里跑来跑去。

我没有什么奢侈的要求。调查期间不能泡澡也

2　可直接在户外穿着的橡胶底分趾袜，大脚趾和其他四趾分开，便于脚尖发力。（编注）

无所谓，反正我本来就讨厌泡澡。衣服被雨淋湿的话，晾干就行了。至于蛭虫，只是被它吸过一次大腿根部，内裤染上了血而已。但是，我不喜欢吃得太单调——早上吃鸡肉咖喱饭料包，中午吃方便面，晚上吃梦咖喱[3]，每天都这样。

肚子一饿，人就容易发怒。虽然我是了解过原生林调查的辅助工作自愿前来，没什么可抱怨的，但进山两周以来，我和前辈这对调查搭档的关系似乎已经恶化到了极点——直到后来加入调查的朋友对我说"你们根本没好好谈过"，我才注意到的。

这些暂且不论，过了两个星期，我们才意识到食物多么重要，于是给大学发了一封电报：

"请配送食物。"

★⋯⋯⋯屋久岛的鹿头骨
蛭虫为了喝到鹿血
聚集在林地表层上⋯⋯

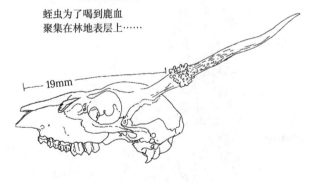

— 19mm —

3　大塚食品出品的速食咖喱。

遭遇新型人体实验

我们下山去取已经到达的食物。学校送来了三个沉甸甸的箱子。太高兴了！赶快打开看看。

第一箱满满当当地装着方便面。第二箱是袋装食品，而且几乎全是咖喱。然后我们又拆开了第三箱。

"这是什么玩意儿？他们到底在想什么呢？"

我们站在满满一箱装着梅干和小鱼干的袋子前，不由得叫出声来。就这些东西，饮食质量一点都没有改善啊！

只看量的确很丰盛，午饭每个人可以吃两袋半方便面，晚饭也是，我们用石头剪刀布决出胜负，赢的

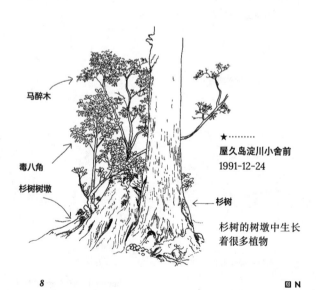

马醉木

毒八角

杉树树墩

★⋯⋯⋯⋯
屋久岛淀川小舍前
1991-12-24

←**杉树**

杉树的树墩中生长着很多植物

人可以吃素食的炖菜或麻婆豆腐（当然，输的人还是要吃咖喱）。

虽然我们仍嫌吃得太差，但事已至此，比起质还是量更重要。而且最重要的是，咖喱是最能去味的东西。到了后来，不仅是运动裤和地下足袋，连大米也开始腐烂的时候，咖喱能很好地掩盖它的那股气味。

整整两个月只能吃这些东西，简直就是一场人体实验。

我和后来的朋友在调查进行到后半段的时候都感觉直不起腰了（不知道为什么，只有前辈什么事也没有），当初被我们嫌弃"这是什么玩意儿"的小鱼干派上了用场。我们狼吞虎咽地吃完它，总算又活了过来。

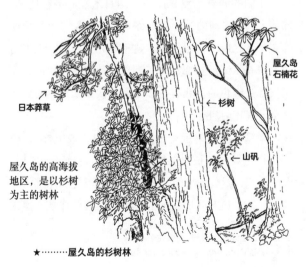

日本莽草

屋久岛
石楠花

←杉树

←山矾

屋久岛的高海拔地区，是以杉树为主的树林

★⋯⋯⋯屋久岛的杉树林

"嗯，他们果然是经过深思熟虑才送来这些食物的……"

我后知后觉地称赞起大学里负责筹粮的人（也是我的朋友之一）的"英明"，后来一问，才知道他其实什么都没想，只要"便宜又轻便"就行。

平安回到大学后的半年里，我对拉面和咖喱连看都不想看，小鱼干当然也是如此。

我逐渐感到不安

对食物的"恨"先说到这里。我在调查地屋久岛住下后，发现它真是个了不起的地方。

我们的调查地点是海拔一两百米左右的杉树林，那些大到在一般的神社里被称为"御神木[4]"的杉树便林立于此。由于雨水过多，这里不光是地面，就连树干、岩石、沼泽上都爬满了青苔。周围是绿色的，连空气都是绿色的。我有生以来第一次真切地感受到什么是"真正的树林"。

帐篷驻扎地附近有棵巨大的杉树"栗中杉"，树干直径达数米，长得胖墩墩的。除了苔藓，昆栏树、大武杜鹃、屋久岛越橘[5]、壶花荚蒾等其他树木都依附其上，甚至还有几棵其他的杉树，简直就像从一棵树

4　指古老或巨大的树。（编注）

5　学名 *Vaccinium yakushimense*。（编注）

田 N

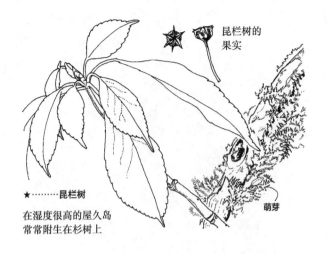

昆栏树的
果实

★⋯⋯⋯昆栏树
在湿度很高的屋久岛
常常附生在杉树上

萌芽

上长出了一片森林。屋久岛已经是个三次元的植物世界了。

　　前辈在这里做了一个120米×100米的方框，然后在方框内划分出很多5米见方的小方框，调查每个小方框内的什么位置生长着什么草木。

　　首先，为了制作地形图，我们要进行框内的测量。然后，我们再把生长在那里的树木种类、位置和粗细一一写在地形图上。此外，我们还要调查树叶的分布情况、小树的萌芽情况，以及树下生长的杂草。不过，我是冲着学习调查方法才参加的，对于完成前辈交代的工作，我已经尽了最大的努力。

　　这项调查是为了弄明白屋久岛的原生杉树林如何保持原貌。与植树造林地不同，无论杉树多么巨大，

屋久岛石楠

樱花杜鹃

从杉树的树墩上长出
来的昆栏树，根系将
树墩覆盖住了

山矾

1991-12-23

★·········屋久岛淀川小舍附近

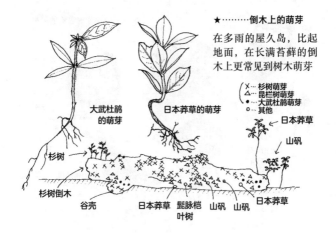

★‥‥‥‥倒木上的萌芽

在多雨的屋久岛，比起地面，在长满苔藓的倒木上更常见到树木萌芽

× ··· 杉树萌芽
△ ··· 昆栏树萌芽
● ··· 大武杜鹃萌芽
○ ··· 其他

日本莽草

山矾

大武杜鹃的萌芽

日本莽草的萌芽

杉树

杉树倒木

谷壳　　日本莽草　　髭脉桤叶树　　山矾　　山矾　　日本莽草

它总有倒下的一天。在没有人为干预的自然状态下，杉树必须自己培养下一代继承者。为了探寻它的构造，我们啃着小鱼干进山，抱着树测量它的粗细，在地面上到处寻找它的萌芽。

调查一天天进行着，我却逐渐感到不安。

当生物迷开始逃避生物

我从小就很喜欢生物。我在庭院的角落里造植物园，痴迷于采集昆虫和收集贝壳，高中又开始对蘑菇下手，大学也毫无悬念地选了生物科。

入学以后我才知道自己无法在这所大学学习我最喜欢的昆虫知识，既震惊又失望。不过植物也有很多

★·········小学时收集的贝壳

玛瑙宝螺

泡螺

扁玉螺

钻螺

西博尔德
小王蛤 [6]

异纹栉孔扇贝

短翼珍珠贝

我至今为止还未了解的知识，我想，试着学学的话也许也会很有趣。正好在这个时候，我有参加屋久岛调查的机会，我便一不做二不休，立马投身其中了。

我是天生怕麻烦的性格。虽然我喜欢观察生物，但是调查工作太需要耐心。这次给前辈打下手还好，但以后只有我一个人时，这样的调查还能坚持下去吗？不安不由得涌上我心头。

而且，在这项研究的持续过程中，我会不会开始讨厌生物，只把它们作为调查数据来看待？我被这种不安笼罩了。

就像我吃腻了拉面和小鱼干，我每天抱着杉树量树干的粗细，结果一看到树就烦得不行。

---

6   学名 *Pharaonella sieboldii*。（编注）

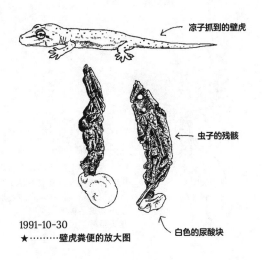

凉子抓到的壁虎

← 虫子的残骸

1991-10-30
★⋯⋯⋯壁虎粪便的放大图

白色的尿酸块

"这可不行。"

"生物迷"作为我的招牌形象，一直都是我的心灵支柱，可它现在快要消失了！

就在我被这种不安纠缠的时候，一位奇怪的老师出现在了我面前。当时调查正好告一段落，为了休息和筹集食物，我们下山回到海岸附近的大本营。

"这里，这里啊！"

"顺利进去了！"

我看到两个大叔好像在聊什么奇怪的话题。

我不由自主地凑上前去，想看看是怎么回事。

"白额巨蟹蛛捕食了一只小壁虎呀⋯⋯"

其中一个大叔高兴地给我看泡在酒精中的标本。

他就是三田老师。

★⋯⋯⋯锯蕨

附生在树干上的小型蕨类。屋久岛降水量大，有很多喜欢潮湿环境的蕨类。在调查地发现了不知道名称的蕨类时，我经常去请教三田老师。这张图基本上就是实物的大小

遇到了奇怪的老师⋯⋯

这是我第一次在大本营见到三田老师。当时在屋久岛进行调查的除了我们千叶大学的森林班，还有从其他大学来的（为了调查猴子和昆虫等），也有各种各样的研究小组。三田老师就是从京都大学过来，做植物分类调查的。

三田老师对蕨类植物的分类很了解，后来在调查地还教我认识了很多我以前不知道名称的植物，可以说是个植物专家。现在，植物专家正因为抓到吃了壁虎的蜘蛛而高兴，这到底是怎么回事呢？

"什么都能抓到啊，真厉害⋯⋯"

无脊椎动物蜘蛛以脊椎动物壁虎为食，这确实很有趣。但光觉得有趣是不够的，老师说，还要认真做好记录才行。

　　当然，三田老师还专门制作了植物分类的资料，即使回到大本营，也在孜孜不倦地整理堆积如山的标本。我光是坐在旁边看着就觉得很有趣。

　　"这是齿萼挖耳草，在这儿发现的都有点小……

　　"像天南星这种茎很粗的植物，必须像这样先用剪刀把茎剪成两半，再做成标本……"

　　三田老师麻利地把植物一个个夹进报纸里，用塑料袋把它们都包起来，再将装在罐子里的酒精淋上去，最后密封。实在没时间当场进行"压花"时，老师会将这样的包裹一个接一个地堆进他破旧的爱

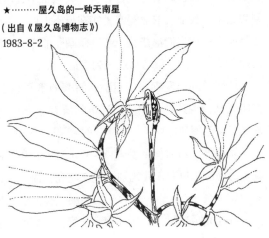

　　★………屋久岛的一种天南星

　　（出自《屋久岛博物志》）

　　1983-8-2

　　　　　　　　　　　Chapter 01 为什么我什么都捡

车里。

太震撼了。我从老师的身影里看到了一种"行走的好奇心"。

我那因为笼罩在不安中而看不清的内心，也似乎隐隐约约浮现出了什么线索。

我战战兢兢地把平时随身携带的笔记本递到老师面前："请您告诉我这种植物的名字……"

我在那本笔记本上画满了不知道名字的植物，调查中看到的生物的草图。

被一句话指明了方向

"这画，画得真好啊，栩栩如生的……"

听到我憧憬的老师这样评价，我兴奋不已。现在回想起来，我那时的速写水平实在说不上好，但有一点是确定的：它们都是我出于"想画"的心情在调查间隙画的速写。三田老师意识到了这一点。

性格单纯的我确定了目标，将来的事暂且不论，在屋久岛调查期间，我要把这里的所有生物画个遍，就像三田老师那样！

就这样，与时间的战斗（?!）开始了。我在协助调查的间隙画速写。我比别人更快吃完拉面（吃得快是我为数不多的特长之一），然后开始画画，晚上就在帐篷里借着烛光画速写。自从开始画速写，我渐渐发现世

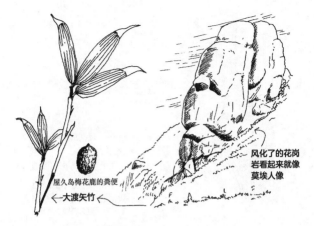

风化了的花岗岩看起来就像莫埃人像

屋久岛梅花鹿的粪便

←大渡矢竹

★………屋久岛山顶地带的速写

界上充满了"有趣的事物"。

　　每次下雨时我看到蜗牛爬出来都很高兴；台风来的时候，能看到一些平时够不到的寄生植物和附生植物从树上掉下来，我也很高兴。一回到大本营，我就不停地画晚上飞到灯下的虫子，连侵入帐篷的蜘蛛和老鼠也成了我欢迎的客人（蛭虫则无论如何都不行……）。

　　我的目标是画下屋久岛的所有生物，哪怕是一片落叶。我在屋久岛的时间只有两个月，其间几乎都待在杉树林调查地，这个目标当然无法达成，但即便如此，我所画的生物（包括一片叶子和一个新芽）还是多达三十三种。

　　画着画着，我突然意识到"想看各种生物，想画各种生物"的愿望深深根植于我心底。虽然当时还

★⋯⋯屋久岛蜗牛
1983-7-25
发现于屋久岛花山调查地

一下雨蜗牛就爬出来了，
我把它带回帐篷进行速写
（出自《屋久岛博物志》）

没有那么确定，但我开始觉得这似乎就是我最想做
的事。

后来，我回到千叶，把当时笔记上的速写重新画
了一遍，整理成了一本书。它就是发行量只有三册的
自制版《屋久岛博物志》。

我从小就爱干这种事

回想起来，我其实从儿时开始就在做类似的
事了。

小时候，我经常遇到手里的图鉴没有收录的陌生
生物。特别是我感兴趣的小型臭虫、飞虱、大蚊等虫
子，图鉴上记载的种类并不多。

"那我就自己来制作图鉴吧。"

我当时只是个小学生，却突发奇想定下了这个不知天高地厚的目标，而且还是一个囊括地球上所有生物的宏伟目标。我立刻把家里的百科全书翻出来，有图的就临摹，没图的就根据说明文字，按照自己的想象画出来。

"身体侧面扁平，头小，身体隆起，背鳍上有六十条棘……"

显然，这样的描述对当时的我来说还难以理解，我画出来的东西也和生物实际的样子相去甚远。但我手里的图鉴也没图，我无法确认自己画的是否有误，这反而让我感到安心。

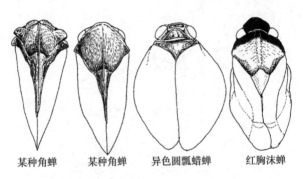

某种角蝉　　某种角蝉　　异色圆瓢蜡蝉　　红胸沫蝉

★………半翅目的奇妙之处（之一）

飞虱、叶蝉、沫蝉等都属于半翅目，
不知为何我从小就对这类昆虫格外关注

※ 图放大了比例，翅膀仅作简略描绘

　　　　　　　　　　Chapter 01 为什么我什么都捡

一到晚上，我就沉迷于《野生的王国》之类的电视节目，一看到不认识的生物，我就赶紧画速写。但因为对象是移动的画面，有时我只能捕捉到一瞬间，所以画下它比从百科全书中仔细搜寻还要难。

当然，用报纸杂志等制作剪报也必不可少。

显而易见，一个孩子制作的图鉴连百科全书一册的分量都凑不出来，不久后我就在图书馆发现了比自己拥有的图鉴内容丰富好几倍的生物图鉴，我感到很受挫。

从那以后过了八年，我又走上了同样的道路。我忍不住想，真是的，我从小到大真是一点都没长进啊。不过，重新意识到这一点也是我在屋久岛调查的一大收获。

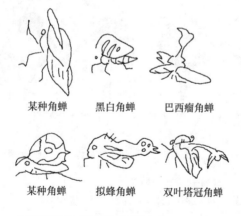

| 某种角蝉 | 黑白角蝉 | 巴西瘤角蝉 |

| 某种角蝉 | 拟蜂角蝉 | 双叶塔冠角蝉 |

小学时制作的《地球生物图鉴大全》中的部分画作，如今看来，完全不知道画的是什么

其实，制作《地球生物图鉴大全》这个目标，到现在我也没有完全放弃。

分辨比发现更重要

如今，《屋久岛博物志》依然摆在我的书架上。如果发生火灾，我一定会把它抢救出来再逃跑。

前几天，我急匆匆地拿出这本一直在沉睡的书，翻了几页，因为我在看植物杂志时被一篇文章吸引了。

"在屋久岛发现了新品种的日本双蝴蝶。"文中这样写道。

我漫不经心地读着，忽然感觉一激灵，我想起了什么。《屋久岛博物志》画的植物中，有一种和那篇文章上的完全一样。我都没意识到自己竟然画了个"新品种"。

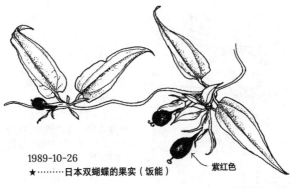

1989-10-26
★⋯⋯⋯日本双蝴蝶的果实（饭能）   紫红色

我的笔记中甚至还写着："与林地表层上生长的种类相比，叶子更小，花更大且色彩浓郁。"

　　事情是这么回事。在我进行调查的杉树林中生长着普通的日本双蝴蝶，当然，我画了它的速写。到了作为调查奖励的休息日，我和朋友结伴去了屋久岛的山顶地带。那里有很多特有的植物，想在紧张的日程里把它们的速写全部画下来并不容易。就在这时，我遇到了与我平时熟悉的样子有所不同的日本双蝴蝶。这是高山地带的变异品种吗？我一边想着，一边画下了速写，然后就把它忘记了。

　　而它，正是这次发现的新品种，采集者是三田老师一行人，采集日期和我差不多同时。也就是说，新

★………
"新品种"花山日本双蝴蝶

我的速写笔记里写道：
"1983-9-1翁岳—黑味岳，与林地表层上生长的种类相比，叶子更小，花更大且色彩浓郁。"
（出自《屋久岛博物志》）

品种的发现并不在于"能否被发现"，而在于"能否被分辨"。

我重新思考了三田老师说的"要把一切都记录下来"的含义。

我不具备分辨新品种的慧眼。不过，在我潦草画下的速写中，的确有一个新品种。我不是在屋久岛的山中，而是在沉睡的《屋久岛博物志》中发现了它。

所以，如果发生火灾，我必须得先把它抢救出来才行。

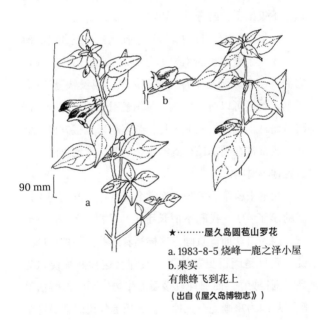

90 mm

a

★………**屋久岛圆苞山罗花**

a. 1983-8-5 烧峰—鹿之泽小屋
b. 果实
有熊蜂飞到花上

（出自《屋久岛博物志》）

画原来也会死掉

《屋久岛博物志》完成的时候，三田老师到千叶大学来了。我兴奋地等待着，想早点让老师看到这本书。

见到许久未见的老师，我又产生了第一次向他递上笔记本时的紧张感，我拿出仅有的一点自信，把《屋久岛博物志》递给他。

"你这些画都是死的……"

三田老师哗啦哗啦地翻着，冷不丁冒出来这句话，不仅出乎我的意料，还刺痛了我。

我很受打击。我到底做错了什么？在屋久岛的时候，我在手账大小的笔记本上画满了画。后来，我把它们一一重新画在卡片上整理成书。我没钱复印画，重画一次还可以对当场速写时笔触粗糙的地方进行修改。而且，把它们做成卡片，整理起来也很方便。为此，我常常在图书馆待到深夜，一笔一笔地重画。难道这样不对吗？

我本来就笨手笨脚，连学会骑自行车也是初中以后的事了（!）。我既不擅长手工，又没有绘画才能，只是因为喜欢而一直画。这样画着画着，某种程度上说，我只是画得更熟练了，我却将这种熟练误以为是"画得好"，而那种直接看着生物作画时的鲜活笔触，却因为重画完全死掉了。三田老师说的就是这个

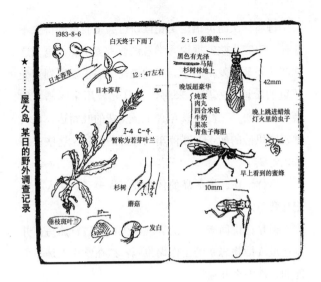

意思。

我到现在依然只能直接看着生物画画。三田老师的教诲和自己的笨拙，我一辈子都不会忘记。

虽然我和三田老师见面的时间只有屋久岛的那几天和这次，之后我们连信都没写过，但是，老师教给我的东西远比《屋久岛博物志》重要得多。

嘴笨又怕生的我决定当老师

终于，到大学四年级了。入学时除了"进生物科"以外什么都没考虑过的我，到了必须考虑前程的时候了。

每周一次的英语论文轮读研讨会把我折磨得生不如死。研究生院？据说入学考试要考英语和德语，这就够让我瑟瑟发抖的了。我的慢性穷病也发展到了最严重的阶段：家里寄来的一万日元要用来喝酒、约会、做调研，一眨眼就花光了。免费的吐司边，在大学校园里捡的橡子，在停车场旁种的红薯，这些东西我也吃腻了。

这样一比，屋久岛的伙食要好太多了。踏入社会吧！我下定了决心。

但是话说回来，真的有观察生物，进行速写，并制作成《博物志》的工作岗位吗？这在常识上是不可能的，那怎么办呢？

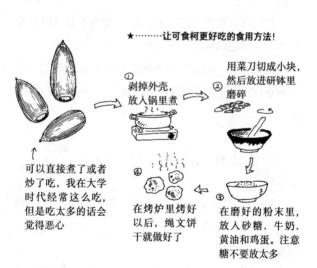

★⋯⋯⋯让可食柯更好吃的食用方法！

① 剥掉外壳，放入锅里煮

② 用菜刀切成小块，然后放进研钵里磨碎

可以直接煮了或者炒了吃，我在大学时代经常这么吃，但是吃太多的话会觉得恶心

④ 在烤炉里烤好以后，绳文饼干就做好了

③ 在磨好的粉末里，放入砂糖、牛奶、黄油和鸡蛋。注意糖不要放太多

"当老师。"

这时，我才第一次觉得教师这个职业离自己很近。但是，我笨拙又怕生，还嘴笨。这样的我能当老师吗？不知道，总之先试试看吧。

我第一次参加的是公立学校的教师聘用考试，结果没考上。面试时我被问到"你尊敬的人是谁？"，完蛋了，这是我最不擅长的问题之一。即使我如实回答，对方也不可能认识那个人，再怎么拼命说明也很难传达自己的感受。我语无伦次地答完了，结果显而易见。虽然这未必是唯一的原因，但最终公立学校没有录用我。

第二次。

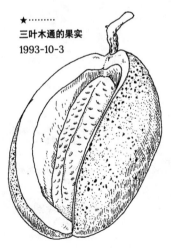

★·········
三叶木通的果实
1993-10-3

教师录用考试需要进行模拟授课。到底该讲什么呢？我苦思冥想了很久。最后，我决定讲"可以吃的树木果实"。拿食物来吸引学生这种方法，我从那时一直沿用到现在

"虽然不太确定，不过可以录用看看。"

这是什么意思？因为一直没有收到录取通知，我就打电话问了问，结果从第二所学校得到了非常奇怪的答复。

"反正，先来签合同吧。"

电话那头这样说道。

和女朋友不欢而散

自由之森学园初、高等学校坐落在饭能市这个我从未听说过的地方。

"私立学校？里边不都是有钱人家的少爷和小姐吗？不适合你吧？"毒舌的朋友说。

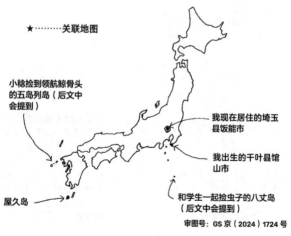

★………关联地图

小稔捡到领航鲸骨头的五岛列岛（后文中会提到）

我现在居住的埼玉县饭能市

我出生的千叶县馆山市

和学生一起捡虫子的八丈岛（后文中会提到）

屋久岛 →

审图号：GS京（2024）1724号

"那种随时可能倒闭的学校你还是别去了。"母亲说了比朋友更毒舌的话。

老实说，我也犹豫过。让我下定决心的关键，是我不能和正在交往的女朋友分开。我决定当录用这件事没发生过，不过，既然它是好不容易争取来的机会，我还是应该去事务所说明一下辞职的理由。

"那个……虽然很感谢录用我，但还请您辞……"

在饭能站附近的事务所里，一个笑容满面的男人听我说完以后，对我说道："好了好了，好不容易过来一趟，先去学校看看吧。"然后他就把我拽上了车。

车子驶离城市，沿着河边的道路往山的方向驶去，经过了小牛棚，接着开上更窄的山路。被群山包围的学校正在逐步落成。

周围被小山环绕
不过，这座山上最近正在
修建高尔夫球场

自由之森学园周边示意图

体育馆

校舍，建在山坡上

草坪，经常和学生一起在这里晒太阳

学校对面的小山坡，住着老鼠和貉

湿地

Chapter 01 为什么我什么都捡

这一年（1984年）新成立的自由之森学园初、高中，当时还在建设中。站在绿树环绕的高地上时，我下定的决心明显动摇了。在被大自然环抱的地方当教师也太棒了！

结果，现在是我在这里工作的第九年（也就是和女朋友分手的第九年……）。是的，我基本上是个随波逐流的家伙。

当老师让我非常震惊的地方是，我必须比学生时代更努力学习。

教初中生的时候，我要学习比英语更让人讨厌的物理。不应该是这样的啊……虽然这么想，但也没办法。

更难的是备课。我们学校经常使用自主教材，哪怕是我很擅长（？！）的生物，"上课"的情况也完全不一样。备课要历经千辛万苦，我经常梦见自己无法整理出教案，呆呆地站在教室里。

有一年元旦，我又做了这个噩梦，当时真想辞职算了。

"把动物的尸体送过去，那家伙会高兴的"

做噩梦的原因我很清楚。虽然我说自己"喜欢生物"，但其实对生物远远谈不上很了解。如果肚子里没"货"，我无法给学生上课。

那就先从重新审视自己和自然开始吧。屋久岛的原始森林很了不起，其中有很多珍贵的生物。那么，我现在对学校周围的自然环境又了解多少呢？在学校工作的第一年，我回到了那个原点。

我开始不定期发行以"饭能博物志"命名的理科简报，以学校周边的生物为核心介绍相关知识，B4尺寸，只有一页瓦楞纸板。一开始我以为自己这么做是为了学生，其实大错特错，这个过程中最高兴的人是我自己。

我在教室里给学生们分发《饭能博物志》，却发现《饭能博物志》成了垃圾，被大家随意扔在地板上。我受到了很大的打击。但仔细一想，我感到挫败这事挺荒谬的，因为说到底，我并不是为别人而写的。

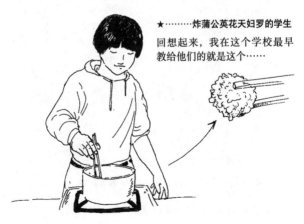

★⋯⋯⋯炸蒲公英花天妇罗的学生
回想起来，我在这个学校最早教给他们的就是这个⋯⋯

想通了这点，我做噩梦的次数也少了。

"把动物的尸体送过去，那家伙会高兴的。"

不久，学生之间达成了这样的共识。

"我捡到鼹鼠了。"

"我捡到了一只麻雀。"

"这是什么？"

这些被学生捡来的东西都是活教材，我将其发表在《饭能博物志》上，它便成为学生们再去捡动物尸体的契机。

"我捡到一只掉在院子里的鸟。"

康野他们捡来了灰椋鸟。

"话说，你会吃它吗？"

"解剖？"

"会做成标本吗？"

1992-3-25

★⋯⋯⋯**蜂斗菜的花茎**

《饭能博物志》第1期是1985年4月18日发行的 "可以吃的野草" 特辑

春天最有意思的事就是去摘蜂斗菜花茎和问荆了

他们一个接一个地问我。

"把骨头取出来。"

我这么回答之后，他们又提出了新问题："那个，你会面带微笑地解剖它吗？"

最后发展成了什么都捡

要想让别人给你捡东西，你可得是个古怪的家伙。尤其是尸体这类可怕的东西，越诡异学生才越有干劲吧（？）。

所以他们才问我"你要吃它吗？""你会面带微笑地解剖它吗？"而我并不在意。虽然我不会吃，但

★………捡到了灰椋鸟的雏鸟

收到尸体后，我可能的确会面带微笑。

在理科研究室（理科教师办公的地方），我的书桌周围堆满了这类东西。顺便说一下，在写这篇文章的时候，我在桌子周围"探险"了一下，简直就像打开了潘多拉的盒子（邪恶与灾难的集合）。

桌子最上面的抽屉里放着狐狸屎、巴厘岛的神符、解剖时用来除臭的香、蚕的成虫（尸体）、田螺壳……

第二个抽屉：抹香鲸的牙齿、榴梿的种子、水晶、貉的大腿骨……

第三个抽屉：狗的下颌骨、灰椋鸟的骨头、壁虎的干尸、蜥蜴的粪便、梅花鹿的粪便、学生吃完的甲鱼的骨头、印度的蚱蜢、林蛙的骨头等。

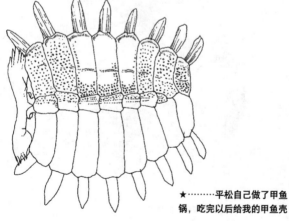

★………平松自己做了甲鱼锅，吃完以后给我的甲鱼壳

★………我的桌子

1993-11-25

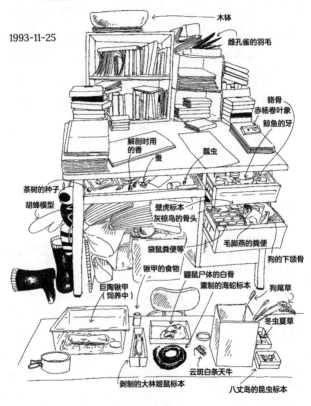

木钵

雌孔雀的羽毛

貉骨
赤杨卷叶象
鲸鱼的牙

解剖时用
的香

蚕

瓢虫

茶树的种子

胡蜂模型

壁虎标本
灰椋鸟的骨头

袋鼠粪便等

锹甲的食物

毛脚燕的粪便

狗的下颌骨

巨陶锹甲
（饲养中）

鼹鼠尸体的白骨

熏制的海蛇标本

狗尾草

冬虫夏草

剥制的大林姬鼠标本

云斑白条天牛

八丈岛的昆虫标本

最后一个抽屉里堆放着用熊掌制作的钱包、蝮蛇、药用蟑螂、泰国产田鳖风味酱油、攀蜥酒、树叶化石等。

我看向身后的架子，上面摆放着和学生一起制作的金枪鱼头骨标本，海龟、貊、野猪、斑鸠等动物的骨头，还有麻雀的雏鸟、被蛇吞下的远东山雀的雏鸟、香蕉花、果子狸的内脏，以及用酒精浸泡着的貊的胃内容物标本等。至于放着实验器材的理科准备室和我家里，连我自己都不知道有什么。

"不管是什么，先留着吧。"

小幸和宏子每天都去学校附近的树林里观察和喂食松鼠。一天，她们拿着一个用啃下来的树皮做成的巢，问我："这是松鼠的窝吗？"

安田老师

小幸

松鼠的窝？

1993-5-6
我心怀感激地收下了

我忠实地遵循三田老师的教诲。本书开头提到的真树寄来的牛脐带，也即将成为这个架子的新成员。

　　后来我慢慢地明白了，三田老师这句话并非意味着让堆积在桌子上的破烂越来越多。

Chapter
02
我们为什么
捡尸体

大吉捡到了日本鼩鼱

"有鼹鼠哦。"

和往常一样，学生们来了。正好赶上学期末，老师们都在填写成绩册的评价表，用文字而非数字对320名学生逐一撰写评语。我正为此忙得不可开交，说实话，根本没心思管什么鼹鼠。

"还活着呢。"

听到这句话，我立马把评价表抛到脑后。迄今为止，虽然他们带来过很多鼹鼠，但都是被在校内游荡的猫啃咬、玩弄死的尸体，能见到活鼹鼠的机会实在太难得了。

我朝大吉拿着的纸袋里瞄了一眼，的确是鼹鼠。不过准确地说，其实是比鼹鼠小一圈的同胞——日本

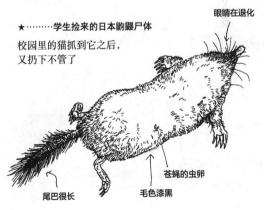

★⋯⋯⋯学生捡来的日本鼩鼱尸体

校园里的猫抓到它之后，
又扔下不管了

眼睛在退化

苍蝇的虫卵

尾巴很长

毛色漆黑

鼩鼹。毛色比鼹鼠黑得多，四肢也比鼹鼠更纤细。

"在哪儿捡到的？"

"多功能厅里。"

为什么会在那种地方呢？哪怕是在一楼捡到的，平时那里的门也都是关着的呀。总之，它应该是不知从哪里钻进了多功能厅，在里面迷了路（?），把体力耗尽了吧。

"它看起来好像很虚弱，不知道能不能活下来。"

"但是，抓住它的时候，它还扭着身子大叫来着。"

"总之，这家伙快要饿死了。如果它已经躲进多功能厅很长时间了，估计情况很危险，也许没救了。"

"那我们去给它找点吃的。"

"那我去找找饲养箱。"

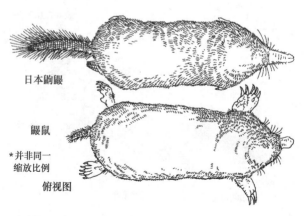

日本鼩鼹

鼹鼠

*并非同一
缩放比例

俯视图

我和大吉他们开始分头行动。

我取出以前养老鼠的水槽，重新铺上落叶，又去附近的理科研究室拿了几只刚开始羽化的蚕成虫作为饲料。

"我们抓来了蚯蚓。"

大吉他们气势汹汹地回来了。

不忍心把它做成标本

把蚯蚓扔进水槽后，该把日本鼩鼹从纸袋转移到水槽里了。就像大吉说的那样，被抓住的瞬间，浑身瘫软的日本鼩鼹扭了一下身子。可一到水槽，它又变得全身瘫软，手脚抽搐，看都不看蚯蚓一眼。

"它大概真的快不行了。"

我虽这么想，仍决定先观察一段时间。说不定它是因为被抓住时受到了惊吓才动弹不得的。这期间，我也再做会儿被丢下的"工作"吧。

过了三十分钟以后我再去看，发现情况恶化了。

日本鼩鼹 仰视图

日本鼩鼹已经完全不动弹了，抽搐的间隔也在延长。把它拿出来放到桌子上，它也完全不抵抗。

"该怎么办呢？"

反正也不行了，该把它放出去吗？但是这种状态的它到外面估计必死无疑。想说"要不作为新鲜的标本放进冰箱里吧"，可是，看着还没有完全停止抽搐的日本鼩鼹，我下不了手。

我决定做最后的努力——将精疲力竭的日本鼩鼹包裹在纸巾里，用手握住。我想，不管怎么说，先给它暖和暖和身子吧。

日本鼩鼹和我们一样是恒温动物，需要保持体温的恒定。它们之所以容易饿死，是因为它们的体形太小。正如茶杯里的水比洗澡水更容易冷却，体形越小，身体的表面积相对于体积的比例越大，热量越容易流失。所以，为了补充热量，它们需要经常进食。体形的大小和体温之间有密切的关联。

眼前的日本鼩鼹已经没有力气吃东西了。如果它在被大吉等人找到之前就由于食物不足而身体发冷、动弹不得的话，用我的手给它暖一下身子不就可以了吗？

我决定先试试这个方法。

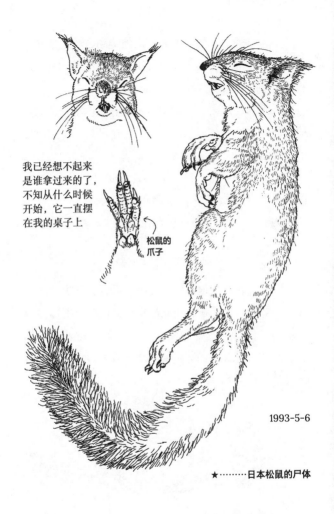

我已经想不起来
是谁拿过来的了，
不知从什么时候
开始，它一直摆
在我的桌子上

松鼠的
爪子

1993-5-6

★⋯⋯⋯日本松鼠的尸体

47

活过来了！

不是自夸，我的手不是一般地暖和。我就这样左手握着它，右手继续写评价表。光用手握着不放心，我还时不时对它吹吹气。

三十分钟过去了。不知是不是心理作用，感觉它抽搐的间隔越来越短了。总之，它还没死，我觉得这个方法没错。

我继续握着它。过了一会儿，我想到了下一步。我试着给手里握着的日本鼩鼹的嘴角倒了点水，到刚才为止明明还一点反应都没有的它，嘴巴似乎动了动。

"很好！"

看来我的方法很有效。仔细一看，它鼻尖上沾着灰尘。果然，它是在多功能厅里到处乱转时把体力消耗殆尽了。日本鼩鼹和鼹鼠一样，眼睛几乎都退化了，鼻尖和胡须是它们重要的感觉器官。它的鼻尖沾满灰尘，非常干燥。这样下去不行！

日本鼩鼹 侧视图

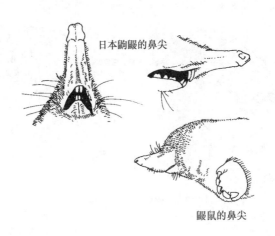

日本鼩鼹的鼻尖

鼹鼠的鼻尖

我把水滴到它鼻尖。

它一阵扑腾……

突然，筋疲力尽的日本鼩鼹在我手中挣扎起来。我又往它鼻尖上滴了点水，又是一阵扑腾！活过来了！

我赶紧把它放回刚才的饲养水槽。和之前不同，这次它在水槽里跑来跑去。万岁！就得这样才行。

水槽里的日本鼩鼹开始麻利地梳毛。刚刚那种奄奄一息、筋疲力尽的样子简直就像在演戏。我以前看惯了日本鼩鼹的尸体，这回看到它活着的样子，感觉完全不一样——它不是直挺挺地伸着，而是将整个身体软软地蜷缩成一团。

我把蚯蚓拿到它面前。

"必须吃哦。"

Chapter 02 我们为什么捡尸体

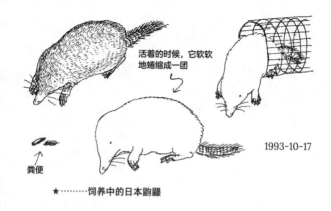

活着的时候，它软软地蜷缩成一团

1993-10-17

粪便

★………饲养中的日本鼩鼹

这次它一定要吃掉食物，靠自己维持体温才行。终于，日本鼩鼹把蚯蚓吃了。

"活过来了！"我对正好过来查看情况的大吉他们说。

意料之中的大胃王

为了确保食物足够它度过今晚，不会饿死，大吉他们立刻去抓蚯蚓了。后来，日本鼩鼹又吃了蚯蚓。

但是，看着看着，总觉得它动作很笨拙。即使附近有蚯蚓，它也不经常主动去抓，不知道是不是没发现。吃蚯蚓的方法也笨笨的，它吃着吃着就把蚯蚓咬碎了，吃相脏兮兮的。

第二天早上，我怀着不安去了学校。它还平安无事地活着。

于是，我把这只日本鼩鼹托付给了理科老师兼我的朋友安田，他比我更擅长饲养生物。我们两个人都说过想养一养日本鼩鼹试试，但这次的宝贵机会还是留给擅长这件事的人比较好。如果是由怕麻烦的我来养，估计它会经常挨饿。

从这天开始，安田老师的抓蚯蚓人生（？！）开始了。搬到他家的日本鼩鼹果然是个大胃王。安田每次见到我，都会说同样的话："我一会儿得去抓蚯蚓了……"

即使安田每天都在拼命找蚯蚓，它也会不断地把蚯蚓吃完，余粮根本存不住。听到他说这话的时候，我由衷地觉得当初把机会让给他真是太好了。

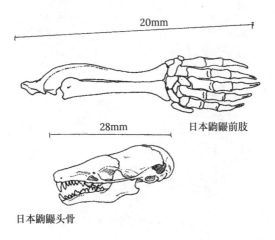

20mm

28mm

日本鼩鼹前肢

日本鼩鼹头骨

"去渔具店买蚯蚓吧。"

我想我至少该给点建议，于是脱口而出。

"不行，这玩意儿可贵了。渔具店卖的还特别小，而且很神奇的是，它根本碰都不碰……"

心情低落的安田无精打采。他把买来的小动物吃的蠕虫作为应急食物喂给日本鼩鼹，但蠕虫也很小，根本满足不了它的胃口。他试着用肉末喂它，但它根本不吃。还真是"吃蚯蚓的命"。

这段时间，我们两人都因为学年末的工作而忙得不可开交。在这样的情况下，安田病了，实在无法抓蚯蚓了。

★………本州缺齿鼹

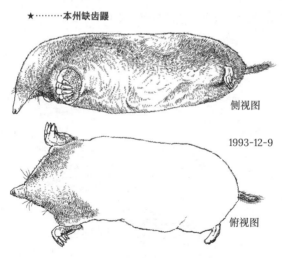

侧视图

1993-12-9

俯视图

日本有很多种鼹鼠，在饭能发现的是本州缺齿鼹

"这个怎么处理？你要吃它吗？"

结果，安田生病后，他的努力也化为泡影。因为蚯蚓不够，日本鼩鼹的身体逐渐衰弱，最后还是死了。

虽然大吉捡回来的日本鼩鼹只活了一段短暂的时间，却让我们看到了活着的日本鼩鼹的样子。开始养它之后，我们的疑问也一个接一个地冒了出来。

"日本鼩鼹行动那么迟缓，在野外是怎么捕食蚯蚓的呢？"

这是安田和我都有过的疑问。

"蚯蚓究竟是在什么地方，怎样生活的？"

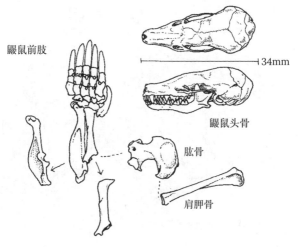

鼹鼠前肢

鼹鼠头骨

34mm

肱骨

肩胛骨

为了抓蚯蚓吃尽苦头的安田，对蚯蚓的生态产生
了兴趣。

　　对我们来说，这是第一次饲养日本鼩鼱，之前也
没有在野外观察过它（蚯蚓也一样）。即便如此，对我
们来说，日本鼩鼱也不是什么稀有的动物，因为学生
经常捡来它的尸体。

　　学校里住着好几只学生捡的猫，它们会抓学校附
近的老鼠和鼹鼠。即使抓到了鼹鼠或日本鼩鼱，这些
猫也几乎不吃（有一种说法是猫不喜欢它们的体臭）。

　　之后，学生们就捡起了这些"杂物"，拿到我这
里来（这么一看，总感觉好像我是在处理猫的剩饭）。于是，
这些猫也间接成为我的"部下"（?）。

　　对我们来说，捡到日本鼩鼱的尸体就是与它们的

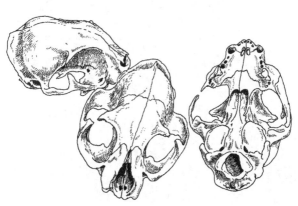

★………学生捡来的猫的头骨

"日常邂逅"。

"螳蜥（学生总是这么叫我），这个怎么处理？你要吃它吗？"

又来了。他们每次拿来日本鼩鼱的尸体时都会提这样的问题。就算被这么问，我也没有什么明确的想法。干脆先放到冰箱里，等积攒到一定数量的时候，给学生们练习制作剥制标本吧。

根据记录，在建校以来的九年间，被捡到的日本鼩鼱尸体多达24具，其中还包括只有情报没见到实体的。

24具尸体之谜

当然，我并不会对每一具捡回来的尸体都产生强烈的触动。然而，如果把这九年里记录下来的24只日本鼩鼱的死亡放在一起看的话，不难发现其中存在的某种趋势。

首先，从季节来看，死亡数分别为冬天1只，春天12只，夏天6只，秋天5只，春天的死亡数最多；按月份来看，4月有7只死亡，约占总数的30%，其次，5月和11月各4只，6月和7月各3只……那么，是否存在造成这种结果的起因呢？

但是仅凭这些数字只能看出某种趋势。我们再从其他方面来看看这个问题。

和日本鼩鼹一样，学生把尸体或发现尸体的消息带到我这里来，其中还包括貉的尸体。貉并不死于被猫啃咬，最常见的死因是交通事故。九年间，学校周边因此丧生的貉多达38只。其中，秋季20只，冬季10只，夏、春各4只。

　　日本鼩鼹多在春天死亡，而貉多在秋天死亡。从东京町田市的事故死亡数据来看，在全部的312起事故中，有158起都是在9、10、11月发生的。

　　貉的意外死亡数为什么会呈现这样的季节性分布呢？经过调查发现，原因在于貉的生命周期。也就是说，秋天正好是年轻的貉结束育儿期，离开家庭的时期。在这个过程中，很多貉或是因为尚未习惯独自生

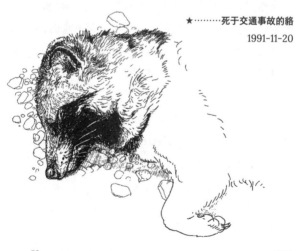

★………死于交通事故的貉

1991-11-20

活，或是因为在寻找生活场所的途中遭遇事故，所以死亡。

这么说来，日本鼬鼹容易在春天死亡的趋势也出于同样的原因吗？日本鼬鼹的繁殖期是什么时候呢？

越年轻越容易死亡

"日本鼬鼹的繁殖期每年一次，集中在三、四月份。"在岩波书店出版的《博物学家入门·春季篇》(新妻昭夫编)一书中，研究各种小动物的都留文科大学老师今泉吉晴这样写道。这样看来，和貉一样，日本鼬鼹也是刚出生的年轻个体更容易死亡。

其实，今泉老师也收集了捡到的日本鼬鼹的尸体数据。前面那本书里提到，今泉老师五年间收集到78件案例，有65件集中在春天。说来惭愧，那本书其

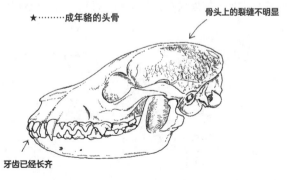

★·········成年貉的头骨

骨头上的裂缝不明显

牙齿已经长齐

实也收录了我的一篇文章，但我直到此刻写本章内容时，都完全没想起来那书所写的东西。

总而言之，今泉老师的调查并不局限于对捡到尸体的记录，他还根据对尸体骨骼等的观察，最终证实了在春天被捡到的日本鼩鼹的尸体正是年轻个体。

果然，和貉一样，日本鼩鼹死亡数量的季节变化也间接地反映了该动物的繁殖周期。虽然我们不可能从捡的尸体了解到动物的"全部"，但可以收获这样的"发现"。

再来看看其他的例子。每10件黄鼠狼的死亡案例中，有7件集中在冬天。所以黄鼠狼更容易在冬天死亡吗？

我试着查阅了一些书籍，发现黄鼠狼的幼崽独立的季节和貉一样，都是在秋天。根据之前的发现，难道不应该是秋天的死亡数更多吗？还是有其他原因使它们更容易在冬天死亡？可惜的是，捡到的黄鼠狼尸体总数太少。如果只有10件案例，那这个数字受偶然

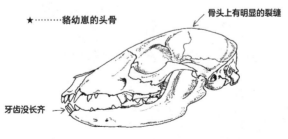

★……貉幼崽的头骨　　　　　　　骨头上有明显的裂缝

牙齿没长齐　→

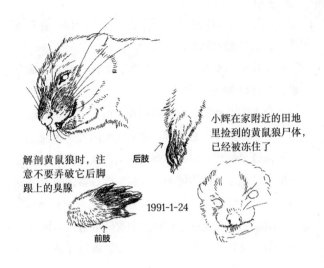

解剖黄鼠狼时，注意不要弄破它后脚跟上的臭腺

后肢

小辉在家附近的田地里捡到的黄鼠狼尸体，已经被冻住了

1991-1-24

前肢

因素的影响就太大了。

因此，捡尸体要通过"积少成多"的方式才会有所"发现"。

对于黄鼠狼，再等个十年左右我应该就能得出一点总结了。

同样，日本鼩鼱的同伴——鼹鼠和地鼠，它们的尸体总数分别为10具和6具。我仍需等待。

反正也不着急得出结论，我就慢慢地研究吧。

鼹鼠的惊人构造

话虽如此，十年里我如果傻等着尸体逐渐堆积也没什么用，不如先研究一下手头已有的尸体，看看还能有什么其他的发现。

先从外形来看。大部分拿来日本鼩鼹的学生都会说："我捡到鼹鼠了。"

日本鼩鼹确实是鼹鼠的朋友，但是，如果把鼹鼠和日本鼩鼹放在一起比较，就会发现两者的区别。鼹鼠的前肢呈铲状，向身体侧面伸出。从在土里挖掘的角度来说，这样的体形绝对有利。而日本鼩鼹的眼睛退化了，指甲变长了，前肢也更加纤细。

鼹鼠的体形能让它把在土中挖隧道这件事做到极致，由此可知，日本鼩鼹应该不如鼹鼠那样擅长挖掘隧道。

被带来的日本鼩鼹的尸体比鼹鼠更多，或许也与

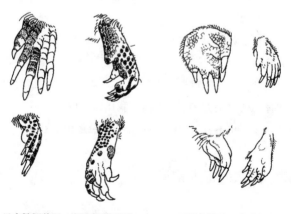

日本鼩鼹前爪　日本鼩鼹后爪　　　鼹鼠前爪　鼹鼠后爪

此有关。日本鼩鼱的个体数量应该比鼹鼠多，比起在地下深处挖隧道的鼹鼠，生活在地表附近的日本鼩鼱更容易被猫捉到。

"那猫是怎么抓鼹鼠的？"

"鼹鼠也会在地表出现。"

生活在地下的鼹鼠有时也会到地面上来。

一天，我在理科研究室的办公桌上看到了这样的一封信——

"今天，我遇到了一只正在过马路的鼹鼠。正好校车来了，我就挥手让司机把车停下。鼹鼠拼命地朝马路对侧露出土壤的地面前进。这就是鼹鼠横穿马路事件。——小雪"

猫虽然一向懒散，但应该不会放过这样的机会吧。

消除身上的"杀气"

有一次我大半天都坐在树林里画画，画着画着，突然看到眼前有一只小兔子跳了过去，我被吓了一跳。

这时，我发现旁边的地面也动了两下。现在回想起来，那应该就是日本鼩鼱吧。我一直在集中精力画画，不知不觉间消除了身上的"杀气"。

就算平时总在树林里到处跑，我也很少能碰到这样的机会。所以想看动物，似乎还是"守株待兔"比

较好。猫平时总是无所事事的样子，难道不就是因为它们喜欢守株待兔吗？

与鼹鼠、日本鼩鼹同属食虫类动物的还有日本麝鼩和日本水麝鼩（顺便一提，普通的老鼠和松鼠、鼯鼠等同属啮齿类动物）。

日本麝鼩的身体比日本鼩鼹还要纤细，它的眼睛虽然退化了，但耳朵和尾巴都很大，看起来和老鼠很像。

更确切地说，所有哺乳类动物共同的祖先有着与日本麝鼩相似的外形，它们适应了地下生活，身体发生了"日本鼩鼹→鼹鼠"这样的特殊变化。而且，普通的老鼠、猴子等其他哺乳类动物也都由日本麝鼩这个小家伙所属的物种进化而来。

虽然在日本麝鼩的身上还能看到它们伟大先祖的

67mm

尾巴细长

眼睛很小

牙齿的排列
与鼹鼠相同

四肢纤细

日本麝鼩并不是老鼠，而是鼹鼠的同类

影子，但我只捡到过日本麝鼩的尸体，完全没见过它
们活着的样子。

至于日本水麝鼩，我更是连尸体都找不到。它是
一种生活在河边，擅长在水中捕鱼的食虫类动物，连
猫也不会去水里捉它，我们也就更不可能发现被猫随
意丢弃的尸体。尽管如此，我还是知道，它们就栖息
在学校附近，因为它被想藏东西的学生看到过。

"一开始我还在想到底是什么呢。哎呀，难不成
它是鼹鼠的同类？"

学生称自己在河滩上发呆的时候看到了它。真让
人不甘心啊。我也去了河滩，发现一直发呆其实是很
难的。坚持了三十分钟后，我实在待不住了，决定
放弃。

于是，我到现在也没见过日本水麝鼩。顺便说
一句，这九年间，学生目击到日本水麝鼩的事例有

Chapter 02 我们为什么捡尸体

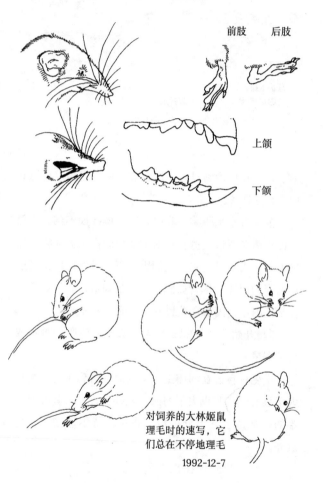

前肢　　后肢

上颌

下颌

对饲养的大林姬鼠
理毛时的速写，它
们总在不停地理毛

1992-12-7

4起。不过，肯定还有其他人看到了但没有注意到的。看来，学生们对于"猫的精神"（观察动物最有效的方式）的领悟，远比我更加深刻。

尸体上竟然还有活着的生物

刚刚稍微偏离观察尸体的话题了。现在我们重新说回鼹鼠的尸体。

我手里的鼹鼠尸体，毛是天鹅绒状的，触感很舒服。这种手感在学生中也获得了一致好评。从鼹鼠的角度来看，毛长成这样应该是有原因的。

毛这么顺滑，泥土就不易粘在身上，鼹鼠在隧道中移动时也不会被卡住。我没养过鼹鼠，所以没见过它梳毛的样子。不过，大吉带来的日本鼩鼹会梳洗和

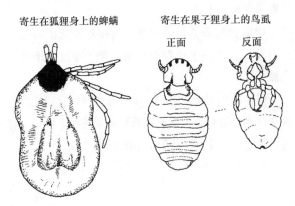

寄生在狐狸身上的蜱螨　　　寄生在果子狸身上的鸟虱

正面　　　反面

打理自己的毛，鼹鼠当然也会吧。一旦身上的毛被弄脏，鼹鼠的体温就容易流失。前面也提到过，体形小的动物本来就容易流失体温。所以，它们梳理毛并不是因为爱美或自恋。

光是把动物尸体拿在手里仔细观察就已经很有意思了，我真希望可以尽快看到日本水麝鼩的尸体，了解它们的身体为了适应水下生活而发生了怎样的变化。

听闻有名的博物学家南方熊楠，因为自己观察的霉菌的同类——黏菌总是被蛞蝓吃掉，一气之下训练并培养（?）了用来抓蛞蝓的猫。要不我也试着培养一下抓日本水麝鼩的猫吧。

我会把鼹鼠的尸体抓在手里观察，但换作貉的尸体就不是一回事了。这并不是因为貉的尸体太大，我没办法拿在手里，而是因为貉的尸体上到处是蜱螨和跳蚤，我根本不想拿。

蜱螨会爬满老鼠的尸体，粘在意外死亡的兔子的耳朵上，出没于狐狸的身上。果子狸身上还会长鸟虱。

但是回想起来，鼹鼠好像没有这种情况。难道鼹鼠和日本鼩鼱的身上没有蜱螨和跳蚤吗？至少有一点可以肯定，即使有，数量也不足为虑。

宿主就是寄生虫的宇宙啊

印象中尸体上蜱螨最多的就是貉。随着尸体体温的下降，蜱螨都从貉的毛下爬了出来。

"这玩意儿能感受到体温的流失吧。"

"如果放上热水袋，这些蜱螨会凑上去吗？"

"那石头剪刀布，输了的人把手伸进去怎么样？"

"绝对不要。"

我一边看着装了貉尸体的袋子，一边和平松没头没脑地聊着。解剖貉需要把它从袋子里先取出来，还得把皮剥掉。

"带回宿舍肯定会被骂吧……"

虽然大家都想解剖，但是他们的宿舍同学看到蜱

现在去除蜱螨最有效的方式就是用开水烫，或者进行冷冻。虽然冷冻也是常用的方式，但是对我们来说解冻很麻烦。下图是用开水烫貉的画面

解剖时大锅是必需品！

蜱螨会怨声载道。我也曾因为疏忽，把蜱螨带回家过好几次。我老婆发现暖桌之类的地方居然有蜱螨后，狠狠地骂了我一顿（忘说了，这九年间，我不知何时已经有了老婆）。

但是，越仔细观察，越觉得这些蜱螨也很可怜。寄生的貉（宿主）意外死亡之后，它们就立刻流离失所了。

"对蜱螨来说，这只貉就是它的宇宙。"佐久间经常说这句颇富哲学意味的话，我觉得很有道理。

有些蜱螨使宿主生病，令其身体日益虚弱，间接地杀死宿主，从而自断生路。这何尝不让人觉得是对世界的暗示呢？

1989-2-16

和尸体不同，活着的貉的身影很难被追踪到
此图按照安田老师设置的自动照相机拍下的照片所绘

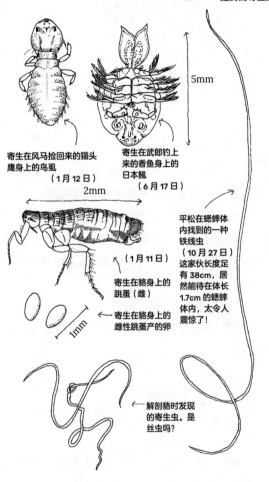

★·········捡到的寄生虫

寄生在风马捡回来的猫头鹰身上的鸟虱
（1月12日）

2mm

寄生在武郎钓上来的香鱼身上的日本鳋
（6月17日）

5mm

（1月11日）

寄生在貉身上的跳蚤（雌）

寄生在貉身上的雌性跳蚤产的卵

1mm

平松在螽蟖体内找到的一种铁线虫
（10月27日）
这家伙长度足有38cm，居然能待在体长1.7cm的螽蟖体内，太令人震惊了！

←解剖貉时发现的寄生虫。是丝虫吗？

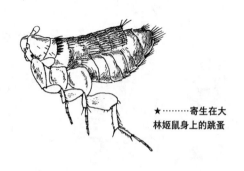

★‥‥‥‥寄生在大
林姬鼠身上的跳蚤

疥螨就是造成这种结果的罪魁祸首。它们原本以猫狗为宿主，由于近年来貉逐渐向村庄迁徙，它们便把寄主的范围扩大到貉身上，导致了这样的悲剧。目前学校周边还没有发生这样的情况，不过，在隔着一座山的东京的青梅市出现了类似报告。也就是说，是时候认真研究尸体上的蜱螨了。

"可我还是讨厌蜱螨。"

确实。就算是我，也没喜欢到看见蜱螨就脸红心跳的程度。

虽然跳蚤很有趣，
但采集几只做标本就够了

和蜱螨不同，我对跳蚤还是很有爱的。当然，这也许是因为我自己并没有亲身感受过跳蚤的危害。

在佛罗里达上大学的毕业生裕子寄来一封信。

"同学们身上正在闹跳蚤，我不知道该怎么办。而且被跳蚤咬的都是日本人。我在这边想找相关的书，但是没有找到。请您告诉我有哪些讲跳蚤的书。"

于是，我把手头的资料和回信一起寄了过去。

"我还没有采集到寄生在人类身上的跳蚤标本。如果你采集到了，请务必随信寄给我，当然，是死去的跳蚤的标本……"

这个请求被她直接无视了（但是，她寄来了被狗咬死的独角仙的尸体。我真是太高兴了）。

基本上，寄生在人类身上的都是人蚤。但我想让她把寄生在人身上的跳蚤寄来，自然有我的理由。

我看了看学生带来的貉的尸体，上面有三种（大概是三种）跳蚤。因为手上没有关于跳蚤的详细资料，

★………寄生在貉身上的跳蚤

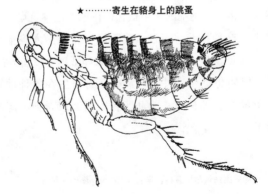

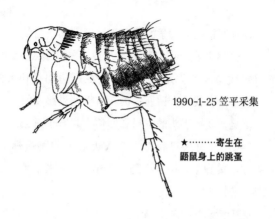

1990-1-25 笠平采集

★⋯⋯⋯寄生在
鼯鼠身上的跳蚤

所以我也不知道哪种才是本来就寄生于貉的跳蚤。貉身上的跳蚤种类不同，有的本来应该附着在其他动物的身上，却附着在貉身上，这很有趣，也许它意味着其他动物和貉之间存在某种关联。

例如，狗獾身上寄生的獾蚤[1]。自古以来，人们将狗獾与貉混为一谈，但狗獾属于鼬科，与属于犬科的貉大不相同。狗獾的指甲很长，在地下挖洞筑巢，而貉不会这种技艺。不过，我听说过貉会潜入狗獾的窝，那么，貉身上的跳蚤是否可以印证这个传闻呢？

但要想证明这件事，需要获得寄生在各种动物身上的跳蚤的标本。为此，我才那么想弄到美国的跳蚤。

1　即獾副角蚤扇形亚种，学名 *Paraceras melis*。（编注）

我还没有收集到足够多的跳蚤，但根据R.巴洛斯的《野狐狸》(思索社出版)的记录，狐狸身上寄生的是人蚤和兔蚤。果然有人一直在认真研究这个问题。

另外，关于跳蚤的书《跳蚤：跳跃的冠军》(海伦·霍克、巴列里耶·皮特著，文理出版)还记载了鼹鼠蚤。迄今为止，我在鼹鼠身上都没有发现过蜱螨和跳蚤，如此看来，我有必要重新观察。

虽然跳蚤和蜱螨都很有趣，但采集几只做标本就够了，我内心还是希望它们在我采集完后速速退散。

顺便一提，我们是用热水来消灭尸体上的跳蚤和蜱螨的。捡到尸体但不能马上解剖的时候，我们就把尸体冷冻起来，这是防止蜱螨和跳蚤侵扰的好方法(不过解剖时还要解冻，很麻烦)。

好了，要解剖貉咯

"该怎么做呢？"

平生第一次准备解剖貉的佳乃子问我。

"嗯……拿着这个，然后从这里把剪子插进去，啊，注意不要划伤腹腔。"

解剖鼹鼠这样的小型动物，不适合我这个笨手笨脚的人来操作。不过，解剖貉用不着那么精细。现在，我们已经把它身体表面的"跳蚤宇宙"完全清除，可以进行内部的探险了。

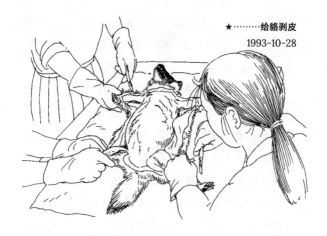

★………给貉剥皮
1993-10-28

　　佳乃子和其他孩子战战兢兢地从张开手脚的貉的
下腹部将剪刀伸进去，沿着外皮剪到胸部以上……在
这样慢慢操作的过程中，她们开始习惯。一般来说，
解剖之前的准备工作和在旁边看别人解剖比解剖本身
更容易令人恶心，但只要自己尝试过一次，胆子就
大了。

　　说起来，我很不擅长解剖。这次提出想参与解剖
的佳乃子、瑞惠、小圆、小幸等都是女孩。不知道为
什么，我总觉得女孩更擅长解剖。

　　"哇，可以用指甲戳吗？"

　　曾经也是一个女孩，因为大大咧咧地用指甲戳猪
肾，吓了我一大跳。

就像脱掉宝宝的衣服

在貉的腹部划开纵向的口子，然后在手脚根部分别划开横向的口子——这样就做好了探秘内脏的准备。说得简单点，就是把皮全剥下来，但剥皮非常花时间。

"就像脱宝宝的衣服那样吧。"

"你脱过？"

"没有没有！"

以前裕一和小满在解剖台旁边聊天时有过这样的对话，不过剥皮绝没这么简单（?），特别是鼻子周围的脸部以及四肢的指尖部分的皮。因为这次的尸体要用于解剖课教学，所以我放弃了全身剥皮。

★………剥了皮的鼹鼠

五十岚负责解剖
"上半身的肌肉很强壮啊。"
"好像施瓦辛格。"

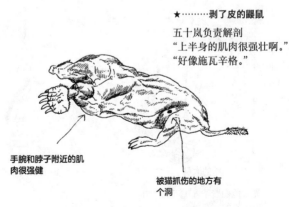

手腕和脖子附近的肌肉很强健

被猫抓伤的地方有个洞

1991-5-25

"这些白色的是脂肪吗？"

"真够多的啊。"

秋天的貉脂肪特别厚。

"喂，螳螂，脂肪不就是油吗，为什么肉里会有油呢？"

听到这个问题的瞬间我愣住了，这到底是怎么回事？

其实，所谓的脂肪并不是直接以油脂的形式储存在体内，虽然它看起来黏糊糊的，但通过显微镜的观察，我们会发现它其实是脂肪细胞这种包裹着油脂的细胞的聚集。

剖开腹膜后，我们终于要面对内脏了。

"这是什么？"

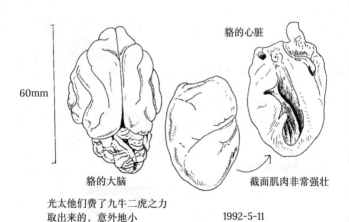

60mm

貉的心脏

貉的大脑

光太他们费了九牛二虎之力取出来的，意外地小

截面肌肉非常强壮

1992-5-11

有人指着挂在貉后腿上的袋子问。貉的尸体还没有完全解冻，袋子里装着冻得硬邦邦的液体。

"这是膀胱。"

"最好不要让它融化。"

看过膀胱之后，该关注肠道了。

"哇，像香肠一样。"

"喂，你这么一说，我都要吃不下饭了。"

肠道被肠系膜固定着，如果不切掉它，就无法把肠子拉出来观察。虽说这次是她们的解剖初体验，但等我回过神来，女孩子们已经把手伸进了内脏。

欢乐的女子解剖军团

顺着肠道往上走，下一个就是胃。在胃的入口切断食道，同时，在肛门切断肠的后端，然后将肠系膜切开，就能看到一条长长的消化道了。

"好，拿在手里，站到桌上，拉起来看看。"

"真的好长啊！"

肠子被站在桌子上的人用手拉起来，长长的一条晃晃悠悠地垂到桌子上。

"拍张照片吧！"

"这辈子都不会再有机会摆这种姿势了。"

"毕业典礼时展示这个怎么样？"

解剖在欢乐的氛围中进行着。

★⋯⋯⋯摆出拽着
貉的肠子的姿势的
女子解剖军团

佳乃子

瑞惠
菜美穗

弘子

凉子

"看看胃里有什么吧。"

我兴冲冲地开始检查胃里的东西。对于体验过很
多次解剖的我来说，胃内容物更吸引我。本体已经交
给她们了，我在旁边的桌子上探索冻住的胃。

看胃内容物是一种乐趣——这么说的话，别人会
觉得我是个奇怪的家伙吧——不过，在野外，很难见
到貉吃东西的情形。观察胃里的东西，就像在看它们
的野外食谱。

几天前，我在小稔解剖的貉的胃里，发现了3条
蚯蚓、3条蜈蚣，还有柿子的种子和种类不明的黑色
果实。柿子的果实是貉的秋日餐食标配。

貉的胃里经常有人类的剩饭。虽然这也是宝贵的

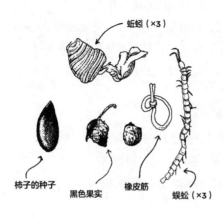

蚯蚓（×3）

★……死于交通事
故的貉的胃内容物

1993-10-27

柿子的种子　　黑色果实　　橡皮筋　　蜈蚣（×3）

杏奈

小心翼翼地把
貉的胃内容物
挑出来

发现了银杏臭
臭的外皮之类
的东西，出乎
我们的意料

数据，但作为观察者，我如果发现里面是剩饭，会觉得很泄气。不知道这只貉的胃里有什么。

黄色的外皮，还有独特的气味、坚硬的种子——这是银杏的种子，而且貉是带着那臭臭的黄色外皮一起吃下的，竟然一共有10颗！真是令人震惊，令人震惊啊。

"哇！全是银杏！"

听到我的声音，女子解剖军团也停下了手。

"真的好厉害。哎呀，是'银杏貉'呢！"

我之所以异常高兴，另有原因。

生前的食谱看胃就知道啦

银杏的外皮不仅气味难闻，有时还会让碰到它的人身上起疹子。在这样的外皮之下，是可以食用的坚硬的银杏。

通常，植物的果实成熟后都是红色或黄色，而且味道很甜，这是为了让自己被鸟兽吃掉，从而使种子被四处撒播。银杏的种子很多汁，还披着黄色的外皮，但是它的皮很臭，还含有毒性成分。

明明很显眼，却又很难吃，这种特质似乎自相矛盾。

以前，在秩父市的山里，我也从貉的粪便中发现了银杏，也就是说，貉确实会吃这种臭臭的外皮。

但仅凭一个观察案例还是不能让人放心。也许我只是偶然遇到了味觉迟钝的貉。在著作（《后山博物志》, 木魂社刊）中, 我的解释也到此为止。

那次发现后又过了两年, 我在秩父山中几乎相同的地方再次发现了含有银杏的貉粪便。吃银杏的貉并非孤例。但让我感到不安的是, 这次和上次发现的地方几乎相同。

"貉会吃银杏的外皮。"

想得出这样确切的结论还是很勉强。

然而, 这次解剖的貉生活在完全不同的地方。即使是偶然事件, 发生了三次的话, 也不能算偶然了吧。再说, 貉可是什么都吃的家伙。

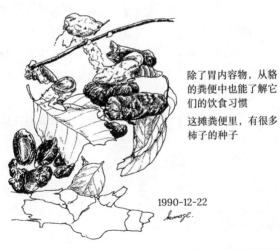

除了胃内容物, 从貉的粪便中也能了解它们的饮食习惯

这摊粪便里, 有很多柿子的种子

1990-12-22
kawoge.

Chapter 02 我们为什么捡尸体

我对桌子周围的学生说："这家伙应该是吃了太多银杏，晕乎乎的，才被撞了吧？"

"大概是有点中毒了。"

"与其说中毒，不如说肚子太饱，想去大便的时候被撞了，因为它的肠子里也是满满的。"

这时，我听到有人在欢呼："好厉害，是徒手在弄啊！"

教室外面喧闹起来，中途加入女子解剖军团的唯一的男生荒木，正在将肠子里面的东西抒出来。

而且还是徒手！

多多解剖就有新发现

我都没有抒貉肠子的经验，但是，我见过好几次学生抒肠子的场面。

因为荒木果敢的挑战，我们这次获得了宝贵的肠道内容数据。肠子里取出的银杏有13颗。这只貉看来非常喜欢银杏。

在我完全沉浸于银杏的时候，杏奈突然拿着胃里剩下的东西冲到我旁边喊道："胃里还有贝壳！"

欸？是啊，我的注意力一直放在银杏上，但是貉当然也吃了其他的东西。贝壳？那是剩饭吗？我又凑到那边去一看，那不是蛤仔，也不是文蛤，而是蜗牛的腹足。

将貉的肠子的男人!
真厉害啊! 令人震
撼的场面……肠子
里果然也有银杏
1993-11-11

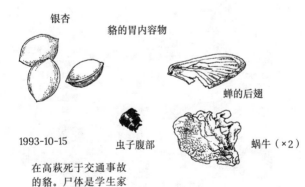

银杏

貉的胃内容物

蝉的后翅

1993-10-15

虫子腹部

蜗牛（×2）

在高萩死于交通事故
的貉。尸体是学生家
长菅沼拿过来的

"连蜗牛也吃啊。"

又是一阵惊叹声。在这段时间里，杏奈不停地在貉的胃里翻来翻去，然后又从里面挑出了蝉的翅膀和其他种类不明的虫子的脚。蜗牛、蝉，这些都是我们以往解剖过的貉的食谱上没有的东西。

"为什么又要解剖？一次不就行了吗？"

曾有学生这样问我。我不喜欢麻烦的事，一劳永逸当然最好不过。但是，就像这回一样，每次的解剖都会有细微的新"发现"。通过不断积累胃内容物的数据，我们就能从中了解到貉真实的生活习性。

消化器官的观察完成了。解剖军团的大部队现在已经切下了一部分肋骨，取出了肺和心脏。

过了一会儿，下课铃响了。

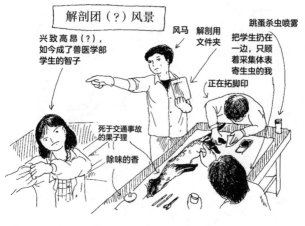

解剖团（？）风景

兴致高昂（？），如今成了兽医学部学生的智子

风马

解剖用文件夹

跳蚤杀虫喷雾把学生扔在一边，只顾着采集体表寄生虫的我

正在拓脚印

死于交通事故的果子狸

除味的香

第二天我和这次执刀的佳乃子聊天，她说母亲得知自己亲手解剖了貉，非常吃惊。所以无论如何，对我们来说，这次的解剖都很有意义。

"收拾一下吧。"

我们准备在校园的角落挖个洞，把貉埋起来。但是，小幸没有从貉身边离开的意思。

微笑着煮起了貉

"我要把骨头取出来。"

小幸说道。她想把去掉内脏、剥了皮的貉放在锅里水煮，做成骨骼标本。于是，我就交给她去做了。

制作骨骼标本有各种各样的方法，如让虫子吃、埋在土里，或者使用消化酶等，而我们采取的是速度更快的水煮法。说白了，就是咕嘟咕嘟地煮上几天，

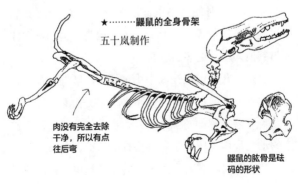

★……鼹鼠的全身骨架
五十岚制作

肉没有完全去除干净，所以有点往后弯

鼹鼠的肱骨是砝码的形状

把肉煮烂了再取骨头，非常简单。

几天后，学校举办了一个公开研究会，小幸的父亲来到了学校。

"我现在要去看看我女儿的貉。"

他微笑着和小幸一起走进正在煮貉的理科准备室。

"和爸爸一起取骨头真有意思！"

"会很奇怪吗？"

"不不，我觉得这样真好。"

不仅是学生，连家长也被卷入了解剖工作，真是不简单。最近学生家长也开始把貉的尸体带过来。

过去，一有动物尸体被送过来，都由安田和我负责"处理"。但加上开会、面谈，即使是放学后，我们也不可能有那么多自由时间。面对好不容易被送来的尸体，我们只能偶尔取下头骨，看看胃里的东西，然后将它"名副其实"地"死藏"在冷冻室里，或者直接埋掉。当时的冰箱里甚至还放着冻了一年的貉。如果延续这样的模式，我们并不会因为一具动物尸体而与其他人建立更多的联系。

但是，几年前我让高中生进行貉的解剖，并把它作为学习成果展示会的一个环节，这成了转折点。

当时参与解剖的学生们开始亲手处理接二连三送来的动物尸体，留下了各种各样的数据。参与解剖的成员还会随时更替，形成一个既非课堂也非社团的奇妙组织，名为"解剖团"。

会跳舞的骨架

第一次挑战制作貉的全身骨骼标本的同学，也是解剖团成员。他们虽然做过头骨标本，但想取出全身的骨骼绝非易事，因此一直没有踏出这一步。

"我想把它全身的骨头都取下来。"

解剖团创始人之一康太说完后，大家决定先试一试。

尽管被组装起来的骨骼标本，手脚末端等细节部分的肉没有被完全剔除，整体形状好像在跳舞，看起来很不自然，但它依然是一副完整的骨架。不管什么事，第一次尝试都需要决心。从这个角度讲，这副"舞动的骨架"意义非凡。

康太之前也只是个从没做过解剖的普通学生，第

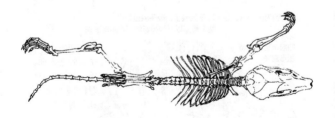

日本鼬鼱的全身骨架 肱骨

一次解剖貉的时候，我说："今天要解剖了哦。"

"啊？今天？我还没做好心理准备呢……"我记得他当时还打了退堂鼓。

然而，在和枫真、哈恰、智子等其他人一起解剖貉的过程中，他被尸体深深地迷住了。

"最近，捡到动物尸体比看到一个活着的动物更让我高兴，感觉自己有点危险了。"

临近毕业时，他这番话逗得我们哈哈大笑。不管怎么说，"解剖团"留下的足迹意义重大。这个以高三学生为中心的奇妙组织，让我认识到学生可以更好地活用尸体。更重要的是，它还在学生中形成了"解剖也很有趣"的"文化"。

这次对"银杏貉"进行的解剖和小幸取骨，就受到了这种"文化"的感染。

解剖团的重大（？）成果

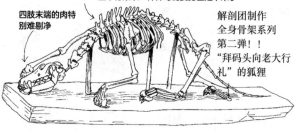

因为肉没有剔除干净就组装了，晾干的过程中，整个骨架以一种神奇的姿势固定下来了

四肢末端的肉特别难剔净

解剖团制作全身骨架系列第二弹！！"拜码头向老大行礼"的狐狸

他们毕业的时候，我有些焦虑，担心好不容易形成的"文化"会随着他们的毕业消失。这样的话，我和安田又要回到之前那种手忙脚乱的状态了。

结果，之后出现了新的"接班人"，而且比他们更厉害。

捡腐烂的海豚尸体

"捡到什么东西了？"

"都在纸箱里了，一共四箱。"

"？！"我不禁目瞪口呆，赶忙让小稔给我看看那几个大箱子里都有什么。

★⋯⋯⋯制作骨骼标本

尽可能地把肉剔除后持续炖煮

小稔

用牙刷、小镊子徒手⋯⋯
剔除骨头上的肉！

　　　　　　　　　　Chapter 02 我们为什么捡尸体

太惊人了！小稔的纸箱里有海豚的尸体（全身），约三个头骨，一个北海狮的头骨，几块海豹的骨头，此外，还有几具海鸟的干尸。

他说自己利用暑假去了北海道。

"你说过可以捡骨头。"

虽然我是这么说过，但我没想到他会捡到这么多！

小稔背着帐篷，一边在鄂霍次克海沿岸露营，一边捡骨头，攒够了就用快递寄到学校。

"还有很多扔掉了，因为没有足够的运费，只能寄回来这些。没能捡到鲸鱼的头，太遗憾了！"

他懊恼地说。捡了这么多，竟然还没捡够。他拿着塑料袋在海岸上走来走去，腰上绑着绳子拖着海豚

★⋯⋯⋯"猛士"小稔示意图

头上围着手绢 →

背着竹筐来上学
（但他是住校生）

工作服

脚上是草鞋

组装骨头的工具、速写本等

装着貉的锅

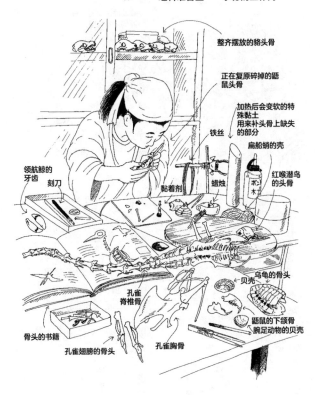

★⋯⋯⋯理科准备室——小稔的工作间

整齐摆放的貉头骨

正在复原碎掉的鼹鼠头骨

加热后会变软的特殊黏土
用来补头骨上缺失的部分

铁丝

扁船蛸的壳

领航鲸的牙齿

刻刀

黏着剂

蜡烛

红喉潜鸟的头骨

乌龟的骨头

贝壳

孔雀脊椎骨

鼹鼠的下颌骨
腕足动物的贝壳

骨头的书籍

孔雀翅膀的骨头

孔雀胸骨

Chapter 02 我们为什么捡尸体

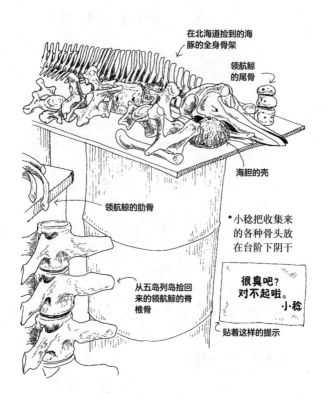

在北海道捡到的海豚的全身骨架

领航鲸的尾骨

海胆的壳

领航鲸的肋骨

•小稔把收集来的各种骨头放在台阶下阴干

从五岛列岛捡回来的领航鲸的脊椎骨

很臭吧?
对不起啦。
小·稔

贴着这样的提示

的骨头，好不容易捡到的海鸟尸体放在帐篷外面，差点儿被北海道赤狐给抢走……他讲的故事让我越听越震惊。

"你准备怎么处理？"

"用汽油桶煮。"

他捡到的海豚是腐烂的尸体，他在当地把它切成四份寄了出去。

从塑料袋里取出的尸块散发出强烈的腐臭味，蛆虫纷纷掉落。小稔把它们放进汽油桶里煮，最后做成了一个漂亮的骨骼标本。

他把骨头放在消防楼梯下面晾干，并在旁边贴好提醒的字条。

"很臭吧？对不起啦。——小稔"

猛士小稔现在成了解剖团强有力的接班人。

"取骨男"这个人种

小稔本来就是个折纸专家，创作技术登峰造极。第一批解剖团的成员毕业时，小稔对解剖表现出了兴趣，我便趁此机会把尸体交给了他。不久，他就开始发挥自己的本领了。以前，解剖团的成员曾多次挑战全身骨架的制作，但大家几乎无法将四肢末端和肋骨等零件正确地组装起来。所以我一度以为，细小的骨架零件一旦拆下，就再也组装不起来了。

　　　　Chapter 02 我们为什么捡尸体

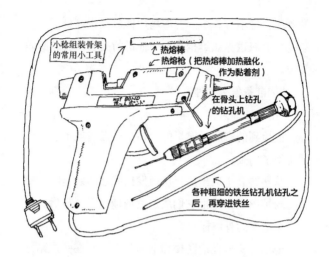

小稔组装骨架的常用小工具

↑热熔棒

热熔枪（把热熔棒加热融化，作为黏着剂）

在骨头上钻孔的钻孔机

各种粗细的铁丝钻孔机钻孔之后，再穿进铁丝

　　尽管我说着"不可能，不可能"，小稔却置若罔闻。他把四肢的骨头全部拆解，然后重新组装起来。难道是折纸和制作骨骼标本之间有什么相通之处？而且，为了修补因水煮而丢失的骨头，他还会用其他不需要的骨头削出需要的部分，让围观的我们大吃一惊。

　　现在，理科准备室里放着好几副他取出并组装好的骨架，还有一些他正在组装：猪脚、鹿脚、貉的全身、猴子、狗獾、海豚、孔雀、猫头鹰、乌鸦……整整齐齐地摆满了理科准备室的桌子。

　　九年前，我首次挑战的骨骼标本是猪。我在学校的食堂请人拿来生猪头，一个人在厨房煮。有个不知

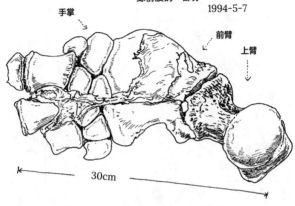

★⋯⋯⋯小稔捡回来的领航
鲸前肢的一部分

1994-5-7

手掌

前臂

上臂

30cm

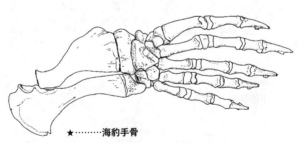

★⋯⋯⋯海豹手骨

虽然已经变成了鳍状，但有完整的五指，
由小稔用在北海道海岸边捡到的骨头组装而成

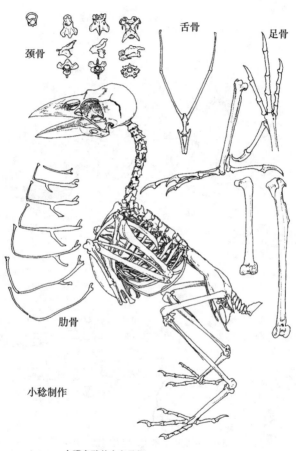

颈骨

舌骨

足骨

肋骨

小稔制作

★………大嘴乌鸦的全身骨架

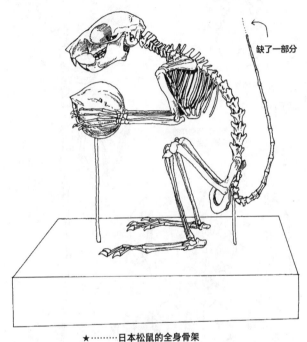

缺了一部分

★⋯⋯⋯日本松鼠的全身骨架

安田老师受到小稔的影响后，努力制作的标本

Chapter 02 我们为什么捡尸体

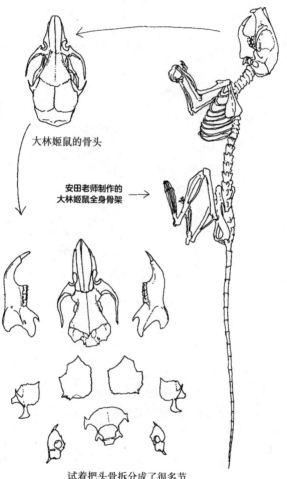

大林姬鼠的骨头

安田老师制作的
大林姬鼠全身骨架 →

试着把头骨拆分成了很多节

情的学生往锅里看了一眼，发出一声惨叫后跑开了。前来调侃的桂和槙田往煮出来的汤里撒了盐和胡椒，喝了下去（现在想来，他也算是一位"猛士"吧）。

与那时相比，如今小稔的出现让我感觉恍如隔世。制作骨骼标本的方式也在进化。

这些故事讲得有点像一部《取骨男·列传》了。

前面稍微讲了一下我们从尸体上能观察到的东西。同样，我们之所以热衷于制作骨骼标本，正是因为我们确实能从骨头上观察到一些东西。

骨头是生物进化的历史书

我给初中生上课时发生过这样一件事。

"想象一下，蝙蝠翅膀的骨头长什么样子？"

我给学生们提了这个问题。学生们面对着眼前那张只画出了蝙蝠翅膀轮廓的纸，开始冥思苦想。

"是这样吧！"

有的人充满自信，迅速地画了出来。

大家画成什么样的都有：有人沿着翅膀的轮廓画出了骨头，有人把它想象成洋伞的伞骨构造，也有人把蝙蝠整个翅膀的骨架画成网格状。

那么，蝙蝠的翅膀骨架实际上是怎样的呢？

用其他的哺乳动物来类比的话，蝙蝠的翅膀是由手演变而来的，它的构造和人类的手基本相同。

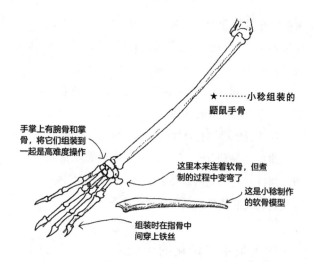

★⋯⋯⋯小稔组装的
鼯鼠手骨

手掌上有腕骨和掌
骨，将它们组装到
一起是高难度操作

这里本来连着软骨，但煮
制的过程中变弯了

这是小稔制作
的软骨模型

组装时在指骨中
间穿上铁丝

　　其实，只要看看蝙蝠翅膀上的骨头就能清楚认识
到这一点。首先是肱骨，然后是肘关节，接着是两根
前臂骨，前臂骨的前端就是掌骨和五根指骨。也就是
说，蝙蝠的飞行借助的是手臂和五指之间张开的膜。

　　生物经过不断进化才成为现在的样子，但单靠观
察现存的生物，很难真正认识到这点。而骨头中正保
留着进化的历史，通过观察骨头，我们能知道生物如
何从祖先的基本形态变成现在的样子。特别是在看到
蝙蝠翅膀上的骨头时，我们会意识到那些在书中读到
的关于进化的故事，原来就发生在我们身边。

　　骨头是生物进化的历史书。所以，我们要从尸体
中把它挖掘出来。

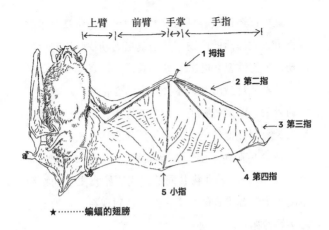

上臂 前臂 手掌 手指

1 拇指
2 第二指
3 第三指
4 第四指
5 小指

★⋯⋯⋯蝙蝠的翅膀

说到这里，让鼹鼠再次登场吧。鼹鼠的前肢与蝙蝠的前肢构造基本相同，由上臂、前臂、手掌和手指组成。但是，在天上飞和在地下挖隧道的生活方式使它们拥有了截然不同的前肢形态。

鼹鼠的肱骨是又粗又短的"砝码"形。每次看到它们的肱骨，我都能直观地感受到在地下挖隧道的工作多么辛苦。

鲸鱼和我们有着共同的祖先

我在前面讲过，鼹鼠所属的食虫类动物的祖先是所有哺乳动物的共同祖先。蝙蝠是原始食虫类动物飞向天空后的产物，同理，猴子是它们爬到树上后的产物。

这些都还比较容易想象，但如果说鲸鱼是食虫类动物进入大海后的产物，马是食虫类动物开始吃草的产物，人们就怎么也想不明白了。

试着从自身出发去体会其中的变化吧，比如脖子上的骨头。鼹鼠的脖子上有七节骨头。无论是老鼠还是人类，同样也是这个数字。长颈鹿那长长的脖子其实也是由七节骨头组成的（因为我没有亲眼看到过，所以说得并不自信）。哺乳动物共同的祖先原始食虫类动物创造出了七节颈椎骨的基本构造，直到现在，长颈鹿也忠实地遵循着。

不过，我不知道"七"这个数字是否有特别的意义。也许哺乳动物只是碰巧长了七节颈椎骨，十节没准也行。顺便说一下，乌鸦的脖子上有十三节骨头。

那么鲸鱼呢？当然也是七节。虽然小稔捡回来的海豚尸体上，这七节骨头已经变得四分五裂了，但在

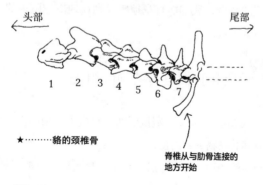

<- 头部   尾部 ->

1 2 3 4 5 6 7

★⋯⋯⋯貉的颈椎骨

脊椎从与肋骨连接的地方开始

其他鲸类身上，这七节骨头是连在一起的，看起来就像一节完整的骨头。

鲸鱼脖子上的骨头可以贴在一起，这才是最重要的地方。因为鲸鱼不需要活动脖子，更准确的说法是，长脖子不利于鲸鱼的生存，只有短脖子的鲸鱼才能活下来，所以它们成了现在的样子。

鲸鱼由有七节颈椎骨的哺乳动物进化而来，但一两节颈椎骨将更有利于它的生存，所以鲸鱼把七节骨头特意（?）连在了一起，它的颈椎看起来就像一节整体。

所谓进化，就是一点点改变祖先的身体，变成新形态的过程。在我看来，紧贴在一起的颈椎骨就是鲸鱼是由陆地上的哺乳动物进化而来的最有力的证明。

★⋯⋯⋯领航鲸的骨架

颈椎骨

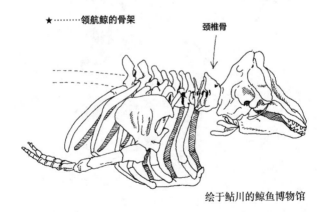

绘于鲇川的鲸鱼博物馆

Chapter 02 我们为什么捡尸体

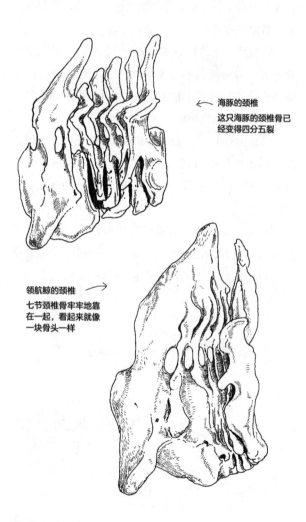

← 海豚的颈椎

这只海豚的颈椎骨已经变得四分五裂

领航鲸的颈椎 →

七节颈椎骨牢牢地靠在一起，看起来就像一块骨头一样

看看头骨

话说，我家附近有家旧货店。这家店气氛微妙，所以我经常去找店里的老板聊天。老板非常喜欢动物，养了一只从窝里掉出来的鼯鼠和一只松鼠。

鼯鼠就养在他的客厅。我去看的时候，发现鼯鼠白天在客厅的椅了上裹着被子睡觉。天花板上到处是绳索，一到晚上，它就会成为鼯鼠的乐园。

"它喜欢烩饭里的香菇。"

老板说了一个野生鼯鼠完全想不到的食物，把我吓了一跳。

"鼯鼠很可爱，松鼠就不行，完全不亲人。"

★⋯⋯⋯五十岚捡来的沟鼠

就算同样是老鼠，也比田鼠
看起来更令人不快

1993-2-12

他站在装着松鼠的篮子前说。他还告诉我，曾经有一只黄鼠狼意外地跑进了黏糊糊的胶水陷阱，他在黄鼠狼身上撒上粉末，想办法把它毛上的黏糊糊的东西弄掉，本来想养，结果它逃走了。不过，就连他也有不想养的动物。

"老鼠吧。如果剪掉尾巴，大概养养也行。"

老鼠真是不招人待见。不过若是取出头骨来看，它和鼯鼠、松鼠的头骨形状几乎一模一样。

仅在鼯鼠头骨的上颌一侧，就有三颗门牙、一颗犬齿、四颗前臼齿和三颗大臼齿，人类也是门牙、犬齿、前臼齿、大臼齿这样的排列方式。但是，老鼠只有一颗楔状缺失的门牙和三颗臼齿。虽然臼齿的数量不同，但这种"楔状缺失的门牙+臼齿"的排列方式，跟鼯鼠和松鼠都是一样的。

也就是说，这是它们被称为啮齿类动物的特征。如果观察头骨的话，它们和鼩鼱等食虫类动物的区别就很明显了。

与老鼠（啮齿类）和鼩鼱（食虫类）之间的差异相比，鼯鼠和老鼠（同为啮齿类）之间的差异微乎其微，鼯鼠就是会飞的老鼠，松鼠就是尾巴上长着毛的老鼠。旧货店的老板说剪了尾巴就可以养，也许是因为他无意间注意到了这一点。

骨架四分五裂的艰辛故事

食虫类动物是所有哺乳动物的共同祖先，它们的头骨也是哺乳动物的标准形态。相比之下，啮齿类动物的牙齿数量更少，门牙的用途也特殊化了。也就是说，头骨这种东西，承载着哺乳动物的分类和祖先的重要信息。

也是出于这个原因，我们制作骨骼标本时要从取头骨开始。比如，海豹和狗一样都属于食肉类动物，它们在进化史上有着很深的渊源，只要你对比两者的头骨，就能明白为什么。

取头骨，也就是取下动物的首级，把它作为制作骨骼标本的第一步，还有另外一个原因：很简单，就是头骨很容易取下来。

脊椎骨，还有手指尖的骨头，在康太和小稔等人登场之前，几乎是我们完全无法搞定的东西。如果我们不小心把骨架煮散架了，不管再怎么努力也组装不起来了（小稔在这件事上格外有毅力，就像在完成拼图）。头骨就不同了，只有上颌部分（头盖骨）和下颌部分两块骨头，就算是我也不会把它们搞混。

不过，这种情况只适用于哺乳类和鸟类，鱼一煮就四分五裂。有一次，我竟不知天高地厚地想把五十岚带来的鲤鱼尸体做成漂亮的骨骼标本，结果失败了。明明我煮的时候已经很小心翼翼了，结果鱼还是

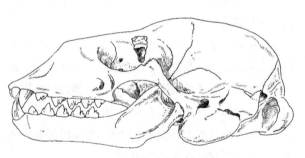

★⋯⋯⋯鼯鼠头骨

鼹鼠

门牙 犬齿 前臼齿 大臼齿

鼯鼠

门牙 臼齿

门牙 →

同事星野和圆友把在中国台湾吃的
鼯鼠的头骨带回来给我当伴手礼

★⋯⋯⋯在北海道捡到的海豹头骨

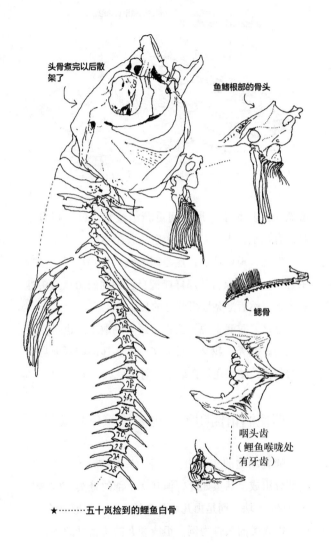

头骨煮完以后散架了

鱼鳍根部的骨头

鳃骨

咽头齿
（鲤鱼喉咙处有牙齿）

★·········五十岚捡到的鲤鱼白骨

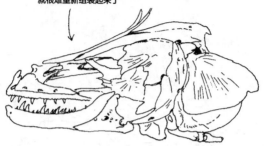

鱼的头骨一煮就散架，取头骨的时候稍有疏忽，就很难重新组装起来了

石井从自己钓的鳕鱼身上取下头骨组装而成

散架了。我花了一周时间重新组装它，过程相当艰难，有几根骨头我完全不知道该放在哪儿。

但是，坦白地说，这是因为我太靠不住了。在学生之中，就有像石井那样能把自己钓到的鳕鱼的头骨煮出来，然后漂亮地组装好的猛士（？）。

总之，对我来说，头骨是最容易取下，也最熟悉的东西。昨天，我又去挑战了一下久违的鼹鼠全身骨架的制作，结果还是在取下头骨后就放弃了。

即使酒馆倒闭了，也要捡鲸鱼耳朵

哺乳动物的头骨由上、下（头盖骨部分和下颌部分）两部分组成。话虽如此，但其实上部的骨头（头盖骨部分）不是一块，而是由几块骨头结合在一起形成的。

以人类的头骨为例，组成婴儿的头盖骨的各骨头之间存在着空隙，随着人类的成长，这些空隙会逐渐合到一起。夸张点说，人类也是从曾经头骨一煮就散架的动物（类似鱼）进化而来的。

但是，有些动物即使长大成年，头盖骨也会分成两块或两块以上。鲸鱼就是如此。

大学时代，我天天去酒馆消磨时间，那里的老板非常喜欢生物。我在这家名为"田舍"的店里打工，结束后用挣来的钱在店里喝酒，结果什么也没赚到，只是钱转了一圈。不知道是不是我们这些缺钱的人总是赖在这里的缘故，酒馆不久后就关门了。现在老板经营私塾，虽然不开店了，但我还是习惯称呼他为老板。我就是和这位老板一起去的千叶县铫子市采集鲨鱼的牙齿和鲸鱼化石。

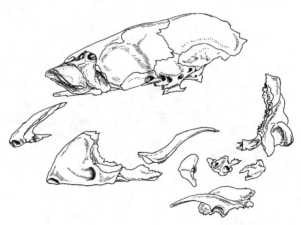

将貉的头骨拆开，头骨也是由多块骨头组合而成的

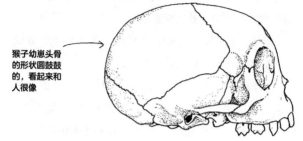

猴子幼崽头骨
的形状圆鼓鼓
的，看起来和
人很像

★⋯⋯日本猕猴幼崽的头骨

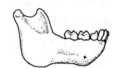

★⋯⋯成年食蟹猕猴的头骨

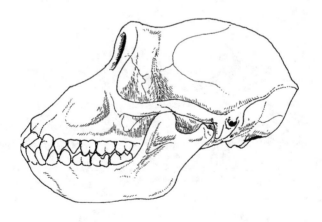

★⋯⋯⋯鲸鱼耳骨化石
铫子市产

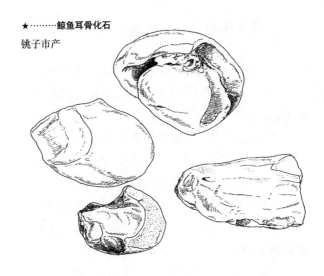

　　鲨鱼的牙齿还好说，鲸鱼化石我从来没见过，当然也没采集到过。它到底长什么样，我一点头绪都没有。看到我拿着像化石的东西在那里转来转去，老板这个已经来过好几次的化石采集专家跟我说："你拿的那个就是化石。"

　　虽说是鲸鱼化石，但也不是一整头鲸鱼的化石，只是骨头的碎片。如果他不告诉我，我只会觉得那只是一块石头。在和石头没什么区别的化石中，有一块形状有点特别，它有着独特的圆润和凹陷。

　　"那是鲸鱼的耳骨。"老板说。

　　一问才知道，铫子市是鲸鱼耳骨化石的著名产地。

　　不过，鲸鱼的"耳骨"到底是什么东西？

让我来探明它的真面目！

在讲化石的书中，经常能看到鲸鱼耳骨的照片。国际化石博览会上也有摊位卖美国产的鲸鱼耳骨化石。

我从书上得知，鲸鱼的耳骨会在鲸鱼死后从头盖骨脱落，因为它是非常坚硬的骨头，即使在深海海底也不会被腐蚀，所以很容易形成化石。

但我还是有点摸不着头脑，说到底，我对鲸鱼的耳朵这个东西没有实感。鲸鱼的"歌声"已经出名到被录成了CD（光盘），它们理所当然有聆听歌声的耳朵。只是，我们通常对耳朵的印象都是"在外侧凸出的耳朵"。

鲸鱼没有这种"凸出"的耳廓，但有耳孔、鼓

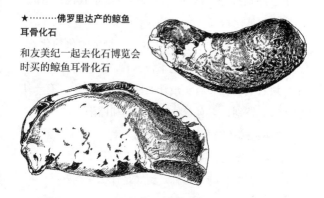

★………佛罗里达产的鲸鱼
耳骨化石

和友美纪一起去化石博览会
时买的鲸鱼耳骨化石

膜。实际上，聆听是由内耳里的器官去感受鼓膜的振动，所以即使没有耳廓也没关系。

人身上也有"耳骨"，被称为听小骨的三块小骨头负责将鼓膜的振动传递到内耳。但是听小骨非常小，而且在鼓膜深处，一般不会从头骨上脱离，除非我们在制作动物头骨标本的时候专门用镊子把它从耳朵里夹出来。这与形状独特的鲸鱼"耳骨"完全不同。

调查之后发现，鲸鱼的耳骨由颞骨岩部和鼓室两部分组成。我在铫子市捡到的就是鼓室，这块骨头的真面目究竟是什么？

就像前面提到过的鲸鱼的颈椎，进化是一个逐渐变化的过程。如果鲸鱼与陆地上的其他哺乳动物有共

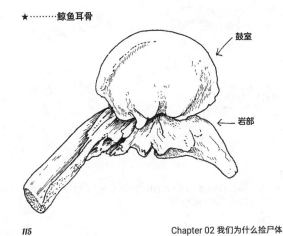

★⋯⋯⋯鲸鱼耳骨

鼓室

岩部

Chapter 02 我们为什么捡尸体

同的祖先，那么鲸鱼的耳骨也应该会出现在其他陆地动物的头骨上。

"寻找鲸鱼耳骨的真面目！"成了我的主要目标。

原来鲸鱼也怕吵

我拿出貉的头骨，仔细地观察各个地方。

"这里应该是耳道的位置吧，如果这样的话……"

我仔细观察着耳朵周围，寻找着它和鲸鱼耳骨的关联。不一会儿，我的目光落在了耳道的洞里那块突出的骨头上。

"这个凸起的形状很像鲸鱼的耳骨……"

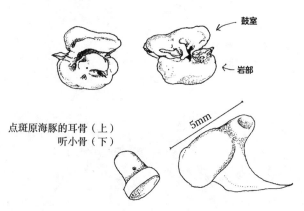

鼓室

岩部

点斑原海豚的耳骨（上）
听小骨（下）

5mm

※ 从手边的海豚耳骨上只取出2块听小骨。为什么会这样呢？明明应该有3块才对……

我查了一下，这个位置叫作鼓泡。鼓室和鼓泡，名称很相似。那么，颞骨岩部呢？我在貉头骨的内耳周围也找到了名为颞骨岩部的部分。也就是说，就貉的头骨而言，从耳道到中耳、内耳的下侧是鼓泡，覆盖其上的部分是颞骨岩部。在鲸鱼身上，它们则和头骨分开，形成单独的鼓室和颞骨岩部两部分。——这就是我得出的结论。

　　另外，貉和人类的三块听小骨就藏在被颞骨岩部和鼓泡包围的中耳里。这样看来，鲸鱼在鼓室和颞骨岩部之间应该也还有听小骨。我试着戳了戳手边那个海豚头骨的两块耳骨之间的缝隙，果然，听小骨"当啷"一声滚了出来。

　　小稔正好在那个时候从北海道捡回来了海豚的骨头，其中一副耳骨正好好地连在头骨上。的确，两个

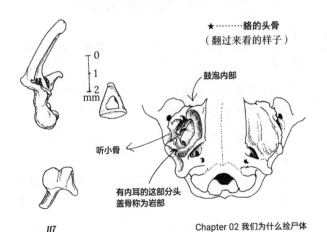

★········貉的头骨
（翻过来看的样子）

鼓泡内部

听小骨

有内耳的这部分头盖骨称为岩部

耳朵的骨头分别贴在其他动物身上颞骨岩部和鼓泡的位置。而且，这些骨头是通过肉和头骨连在一起的。也就是说，一旦腐烂，就会和头骨分离。为什么鲸类的耳骨会发育成和头骨分开的样子呢？

接下来就不是我自己的知识储备能给大家讲明白的了。更详细的讲解请参考E. J.斯利佩的《鲸》(细川宏、神谷敏郎译，东京大学出版社) 一书。

简单来说，声音在水中可以通过身体传递。因此这些声音会变成杂音，鲸很难通过左右耳朵来分辨和确定声源。为了消除这种影响，鲸鱼将头骨上的两个(左右共四个)耳骨分离出来，这种结构能够有效阻挡身体传来的杂音。

这样讲大家是否就理解了？

观察生物一辈子都不会感到厌倦

鲸鱼最终适应了水中生活，把耳骨从头骨中分离了出去。

"我想看看北海狮的耳骨，等画完外形的速写，再把它切开看看里面的样子。"

也许是受了我讲的故事的影响，小稔最近跟我说了这样的话。

"北海狮也生活在水中，应该也有什么特殊的构造吧？"

说起来，我也还没涉猎过北海狮呢。虽然如今它们都在水中生活，但与鲸类不同，我认为比起耳朵的特殊进化，北海狮和海豹（食肉类动物）的进化主要在眼睛。海豹可爱的大眼睛是它们的特征之一。小稔根据自己的观察又会得出怎样的结论，现在还不得而知。

　　不过，鲸鱼耳骨什么的，对于不感兴趣的人来说，可能只是无关紧要的事。但就算是这样，我也希望能把我的研究成果简洁明了地写下来。虽然看起来很顺畅，但实际上是经过反复思考、调查，绞尽脑汁才得出的结论。

　　对我来说，这就像读推理小说一样——将资料的碎片串联起来，找出犯人。

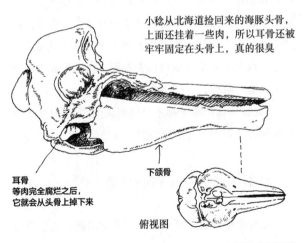

小稔从北海道捡回来的海豚头骨，上面还挂着一些肉，所以耳骨还被牢牢固定在头骨上，真的很臭

耳骨
等肉完全腐烂之后，它就会从头骨上掉下来

下颌骨

俯视图

海豹的眼睛很大！

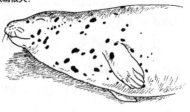

1991-3-31 江岛水族馆

★‥‥‥‥斑海豹

　　观察生物的乐趣就在于此。尽管对于学者们来说，鲸鱼耳骨的起源早就有了清晰的结论，但我并不在意。因为对我来说，这是有生以来第一次遇到的问题，令人兴奋。

　　推理小说也是一样，就算别人已经知道了结局，只要自己还不知道，就能继续兴致勃勃地读下去。事实上，就算研究的不是鲸鱼耳朵的骨头也无所谓。在这个地球上有超过一百五十万种生物。也就是说，有超过一百五十万个故事可以去挖掘。这是永远都不会让人厌倦的游戏。

　　"观察生物一辈子都不会感到厌倦。"小时候老爸对我说的这句话，我至今仍然时常想起。

忍不住又去挖了貉的耳朵

　　还有个从鲸鱼的耳朵延伸出来的话题。虽然有点啰唆，但我还是要接着讲。

前面已经说过，为了确定和鲸鱼的耳骨之间的关系，我挖了貉的耳朵。当时，从耳道的洞里取出的听小骨只有两块。从交通事故中死亡的狐狸身上取出的听小骨也是两块。

"好奇怪啊。"

书上说，包括人类在内，哺乳动物都有三块听小骨。我和小稔说了以后，我们俩把柜子里的貉头骨都拿出来，里里外外仔细检查了一遍，结果都只挖出两块听小骨。

奇怪，太奇怪了。如果是这样的话，就让人非常疑惑了。难道貉的听小骨只有两块吗？

"螳螂，有了，有三块。我刚刚看了看猪的头骨，你看，就在这里……"

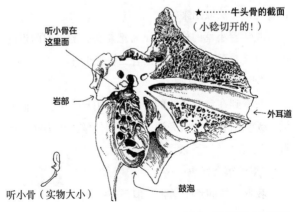

★………牛头骨的截面
（小稔切开的！）

听小骨在
这里面

岩部

←外耳道

听小骨（实物大小）

鼓泡

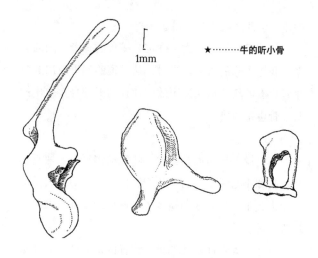

★‥‥‥‥牛的听小骨

1mm

　　过了一会儿，小稔拿来了已经打破的猪头骨，一边说一边指给我看。他把猪头骨的耳道附近的位置打破一看，果然有三块听小骨。不过，第三块名为镫骨的骨头非常小，而且卡在内耳最里面的骨头上，单靠挖耳道是无法取出来的。

　　我学着小稔的样子，试着把貉头骨的鼓泡附近的地方打破看看。果然，貉也有三块听小骨。

　　"小稔，貉也有哦。"

　　我看到在食堂排队的小稔，不由自主地去和他搭话，无意中看了一眼旁边，发现其他学生正笑眯眯地看着我们。

　　"果然很奇怪吗……"

　　我忍不住问那个学生。但是——

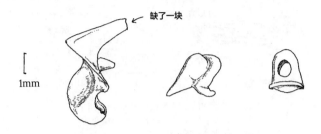

★⋯⋯⋯猪的听小骨

← 缺了一块

1mm

"牛的听小骨很大吗？"

"确实不能说小，但是听小骨太大的话，就很难传递鼓膜的振动了⋯⋯"

"北海狮的听小骨是什么样呢？"

"嗯⋯⋯会是什么样呢⋯⋯"

就算别人再怎么觉得我们奇怪，我和小稔还是一聊起耳骨就有说不完的话。

细节中蕴含着神灵

哺乳动物果然有三块听小骨，这是有原因的。

如前所述，鱼的头骨是由好几块骨头组成的。这些一煮就会变得七零八落的骨头，把它们结合成一块就是哺乳动物中常见的头骨的样子。哺乳动物的头骨之所以容易取出，就是因为它们紧紧地结合在一起，基本上只由上侧的头盖骨和下侧的下颌这两部分

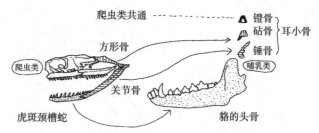

爬虫类共通

方形骨

爬虫类

关节骨

虎斑颈槽蛇

镫骨

砧骨 } 耳小骨

锤骨

哺乳类

貉的头骨

爬虫类动物的下颌骨由好几块骨头组成，
其中的关节骨和头盖骨上的方骨演变成了
哺乳类动物的听小骨

※ 蛇的下颌骨由原本是关节骨的前关节骨和上隅骨共同组成

组成。

从鱼类到两栖类、爬虫类，再到哺乳类动物，头骨也随着生物的进化而慢慢进化。爬虫类动物的下颌部分还不是由一块骨头组成，而是由几块骨头组成。但到了哺乳类动物，下颌部分就只剩下一块骨头了。那么，其他类动物的骨头又发生了怎样的变化呢？

实际上，三块听小骨分别是由爬行类动物下颌部分的一块骨头、上颌部分的一块骨头和它们原本就有的一块听小骨演变而来的。也就是说，藏在耳道里的三块听小骨中有两块以前都是下巴上的骨头。

在书上读到这些时，我非常想亲眼确认一下，因为这是个能切实感受到进化这一肉眼看不到的概念的例子。我用镊子夹从耳朵里夹出听小骨。

"你以前是下巴上的骨头吗？"

★⋯⋯⋯尸体也不害怕?

有人穿着和式棉袍,有人穿得像个摇滚歌手,打扮得各式各样,在貉的尸体前拍纪念照⋯⋯

在学校里养黄绿原矛头蝮,在宿舍里养蝎子的地表最强(?)生物男平松

头发颜色和貉一样的阿横

发现者岩崎

文悟

貉

1989-1-21

我看着它,自顾自地嘀咕着。

这种骨头的变化还通过哺乳类的共同祖先遗传给了人类、貉和牛。

"哎呀,所有的动物彼此都有联系呢!"我忍不住这样说道。

小小的听小骨,承载着宏大的进化史。

"细节中蕴含着神灵。"

虽然我不是哲学家佐久间,但也不由得发此感慨。

我们为什么捡尸体

"尸体太恶心了。"

很多学生都这么说。但是在我看来,学生看得津

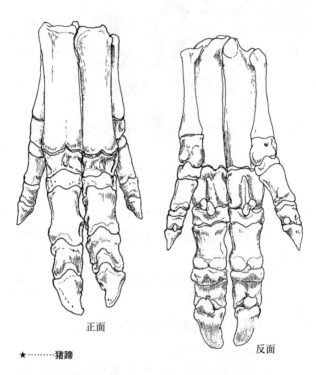

正面

★⋯⋯⋯猪蹄

反面

去开拉面店的小玉家进行家访的时候，她说着"这个你
上课能用到吧？"然后给了我一个猪蹄。这个猪蹄被小
稔煮烂以后做成了骨骼标本

津有味的恐怖电影可比尸体恶心得多。顺便说一句，还有一个东西也让我觉得恶心，就是开山建造的新兴住宅区（虽然这么说对住在里面的人有点抱歉）。千篇一律的房屋排列在一起，让我有种毛骨悚然的感觉。

深究起来，我只要遇到自己无法插手的世界，就会感到毛骨悚然。恐怖电影如此，它单方面地向人展示一个接一个令人震惊的画面。而给人无机感的新兴住宅区也是如此，我觉得自己面对它什么也做不了。这种感觉让我不安。

尸体也一样，离自己越远的东西越让人觉得恶心。

"我前几天看了人体解剖，不过只是看处理好的尸体而已，我还以为自己能参与更多呢，我甚至还跟妈妈说晚上不吃肉了，现在感觉期待有点落空了。"

我遇到了已经毕业并考上了护士学校的凉子，她和我说了这件事。就算是习惯了貉和鼹鼠尸体的我，换作是人的尸体，也会望而却步。因为接触的机会很少，对于人的尸体，我也有觉得很恶心的先入为主的印象。

我一直都在不厌其烦地表达，只要自己实际去看，去触碰，就能从"恶心"的尸体中有所发现。从胃部我们可以了解动物的生活片段，从尸体的寄生虫上也能观察到很多信息。骨头则诉说着这种生物的历史。而且，如果不去观察这些，那么尸体永远只是让人感到恶心的陌生事物。

　　　　　Chapter 02 我们为什么捡尸体

不要揭掉哦

死鼠面具

哇……

做……做出
来了呢

美加子   真树

真树用猫叼来的死老鼠做的，
挂在理科研究室的墙上……

※ 这幅人物画的原画是真树的作品

现在，我，还有我们，与聚集在尸体上的跳蚤嬉
戏，解剖尸体，把尸体在锅里煮，取出骨头，然后，
听尸体讲故事。如此一来，尸体就会成为我们的"好
老师"。

我们用自己的节奏，慢慢地形成了适合自己的看
待尸体的方式，也掌握了从尸体中获得乐趣的方法。

Chapter
03
不讨喜
生物的
奇妙生态

最讨厌蟑螂了

"我最讨厌蟑螂了。之前在房间里发现了蟑螂，我直接夺门而出，一晚上都没回去。"

和寄宿生千代子聊天时，不知不觉谈到了蟑螂。

"不是说用吸尘器吸就好了吗？可是我担心吸完后关掉开关，它会从吸尘口里钻出来。而且吸完后它就被装在了吸尘器的垃圾袋里，我是没法换了，想等有朋友来的时候请朋友帮忙换一下……"

"有那么讨厌吗？"

"虫子我都讨厌。百科全书上不是总能看到照片吗？所以我不能随便查百科全书。我想用订书机把所有虫子的照片都订起来，但那必须得先翻到那一页，所以根本做不到……有一次，百科全书从书架上掉下

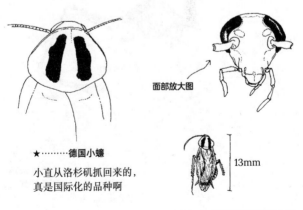

面部放大图

★………德国小蠊

小直从洛杉矶抓回来的，真是国际化的品种啊

13mm

来，碰巧有虫的那一页打开了，我根本不敢过去把书合上……"

曾经是"昆虫少年"的我完全无法想象这种感情。话虽如此，蟑螂不招人待见的程度显而易见。

"沙沙地到处爬。"

"我最讨厌那种会飞的。"

提到蟑螂都是这样的声音。

说到行动，在提到灶马虫的时候她也说："因为猜不到它接下来会往哪儿跳，所以很讨厌它。"

提到飞蛾的时候也是。

"扑棱扑棱地乱飞，还有飘散的粉末，很恶心……"

虽然很多人不喜欢飞蛾，但对于灶马虫的评价显

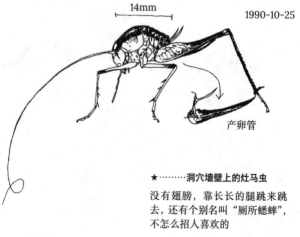

14mm

1990-10-25

产卵管

★………洞穴墙壁上的灶马虫

没有翅膀，靠长长的腿跳来跳去，还有个别名叫"厕所蟋蟀"，不怎么招人喜欢的

然是少数意见。

不管怎么说，蟑螂都是绝对不招人待见的。

这么看来，不只是因为它会动和会飞，蟑螂给人不干净的感觉和那种笨拙感，也是被讨厌的原因。

谁会对蟑螂感兴趣啊

"你觉得地球上最繁荣的生物是什么？"

"不是人吗？"

"不，我觉得是蟑螂，它那种杀不死的顽强劲儿太厉害了。"

在这样的对话中，蟑螂也会登场。学生们普遍认为蟑螂很顽强、很可怕。

但另一方面，大家对蟑螂"感兴趣"也是事实。在课堂上，我给学生们展示了一只巨大的亚马孙产蟑螂，学生们不由得发出惊叹，全都好奇地凑上来说"给我看看，给我看看"。

我在课堂上介绍了《日本产蟑螂类》(朝比奈正二郎著，中山书店出版)这本书，下课后，好几个人都在兴致勃勃地翻书，似乎都"想看看可怕的东西"。

对苦于备课的我来说，任何能引起学生兴趣的教材都是"神"，不管是让他们害怕还是什么。再加上我本来就偏爱"冷门"生物，所以对蟑螂产生了兴趣。

带着兴趣去研究，我渐渐地喜欢上了蟑螂，最后演变成我只要出去旅行时看到从没见过的蟑螂品种，就会不由自主地窃喜。

　　那么，让我们从喜欢蟑螂——这个与大多数学生（当然也有和我一样喜欢蟑螂的学生）都不太一样的视角，来了解蟑螂吧。

　　在书店发现《日本产蟑螂类》这本书时，我很高兴。

　　"不过，谁会买这样的书啊？"

　　我一边这么想着，一边自己买了一本。阅读时最先让我惊讶的是，日本竟然有52种蟑螂。

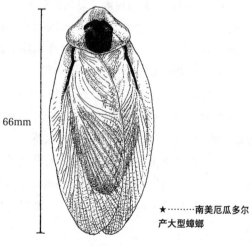

66mm

★⋯⋯⋯南美厄瓜多尔
产大型蟑螂

★⋯⋯⋯各种蟑螂

田鳖味酱油和食用蟑螂

我动身去横滨的中华街，它是我最喜欢去的地方之一。那里的食品店的橱柜角落、中药店的门口，都沉睡着可以摇身一变成为教材的东西。

我最近费了很多功夫才找到了一种叫"曼达"[1]的田鳖口味酱油，产自泰国。田鳖是一种有名的水生昆虫，对于喜欢虫子的人来说是令人梦寐以求的存在。

早就听说过这款"风味"的酱油，没想到真的找到了，我非常高兴。

虽然心里明白既然日本人有吃蝗虫、蜜蜂幼虫等

如愿以偿，终于找到了泰国产的田鳖酱油

风味独特，该怎么形容才好呢?

画上是盛在盘子里的田鳖

---

1   "曼达（Maeng Da）"是田鳖的泰语发音。（编注）

虫子的习惯，那么其他国家肯定也有类似的饮食习惯，但真的碰到时，我还是忍不住感到奇怪。

从这个层面来说，田鳖味酱油是非常好的示例。不过，还是当时弄到的"食用"蟑螂更受学生欢迎。说是食用，其实正确的说法是药用。中药店的柜台就卖那种蟑螂的干货。

"这个多少钱？"

我忐忑地指着标着"䗪虫"的那个瓶子问。价格意外地便宜，10克300日元。

"这个到底有什么用处呢？"

被这么一问，我滔滔不绝地讲了起来。药用蟑螂的功效有解毒、治疗口腔膜炎等。

★⋯⋯⋯阿秀在泰国食材店发现的食用田鳖

不知道是不是盐渍做法，尝起来很咸，味道有点像盐加一点像是海胆的味道，很难吃。闻起来像是带点中华料理味道的臭虫

　　　　Chapter 03 不讨喜生物的奇妙生态

"哇！"

"真的？能吃吗？"

在课堂上给学生们介绍的药用蟑螂果然大受欢迎。就像日本人对食用蝗虫没有那么抵触一样，如果药用蟑螂从很久以前就因其功能在日本被普及，我们也就不会那么抵触它了。也就是说，所谓"文化"，并不是我们生来就拥有的，而是将已经诞生的事物代代相传形成的……嗯，本来我是要给学生们讲这些的，但是药用蟑螂本身带来的冲击让人顾不上去思考这些东西了（也可能是因为我要假装把这个药用蟑螂放进嘴里……）。

因为学生讨厌蟑螂，所以这种生物才对他们有冲击力，而若把蟑螂吃掉，冲击力简直翻倍。

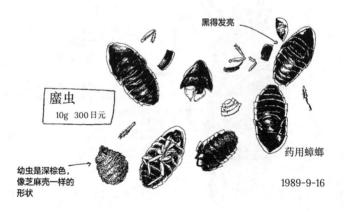

黑得发亮

蠢虫

10g 300日元

药用蟑螂

幼虫是深棕色，像芝麻壳一样的形状

1989-9-16

正因为被讨厌，才更为人熟知

日本的蟑螂多达52种。中药店卖的"鹿虫"虽然有时也有中国产的，但从形状来看，它应该是日本产的一种——东方水蠊。

东方水蠊是南方系蟑螂，我在三宅岛、八丈岛还有屋久岛都见过。这种东方水蠊生活在野外，不会进入人类居住的屋里。如果去八丈岛的话，晚上能看到它们在道路上爬来爬去的样子。

东方水蠊的形状很奇特，体形是小判[2]型，而且因为翅膀退化了，所以更像小判了。就算是讨厌蟑螂的

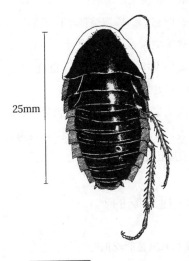

25mm

★‥‥‥‥东方水蠊
（八丈岛产）

身体是小判的形状，是一种看起来很可爱的蟑螂

2　小判是日本江户时代流通的一种金币，通常为椭圆形。（编注）

人看到它也会觉得可爱。

既然日本的蟑螂有52种，那么我们就不能只用"肮脏""生命力强""恶心"这几个词来概括全体，因为在"肮脏"的蟑螂中，也有药用价值极高的品种。东方水蠊在野外生存，不会在厨房出没，更别说它们的翅膀都已经退化了，不会"朝人飞过来"。

这52种蟑螂中，在家中"作恶"的有黑胸大蠊、日本大蠊、德国小蠊、美洲大蠊等十几种，剩下的都在野外安静地生活着。

在所有的蟑螂品种里，会进入室内的才是少数派，我们熟悉的蟑螂的形象就是由这些少数派创造出来的。绝大多数人根本就没见过生活在野外的蟑螂。

虽说是少数派，但它们给蟑螂整体塑造了难以撼动的形象，因为少数派更接近人类。而且，人们对其产生的"脏""恶心"等印象尤为深刻。也就是说，它们正因为被讨厌，才更为人熟知。

讨厌蟑螂的千代子也对我说，她曾经想尝试着研究蟑螂。正因为讨厌，才更有兴趣。但据说她因为害怕而不敢看资料，最后还是没研究成。

毛毛虫还……挺好吃的？

"樱花树上那种毛毛虫是能吃的吧？"

"是听说过这种说法……"

住校生抓来的

展开翅膀的雄性

★………日本大蠊
这种蟑螂在室内
和室外都有

1991-5-24

"我想吃吃看，就去抓来了。"

有一天，小原抓来了樱花树上的毛毛虫。

"先用火把毛烧掉比较好吧。"

不管怎么样，我先给出了我的建议。我们坐在一
起，对着烧掉毛之后又用锅煎好的毛毛虫面面相觑。

"谁先吃一口试试？"

"小原先来吧。"

小原战战兢兢地吃了一口。

"好吃！"

听他这么说，我也只能试着吃吃看了。

"这东西真好吃啊。"

"感觉有种独特的香味。"

安田老师和其他学生也纷纷试吃，你一言我一语

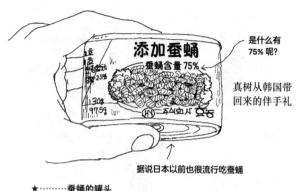

是什么有
75% 呢?

真树从韩国带
回来的伴手礼

据说日本以前也很流行吃蚕蛹

★………蚕蛹的罐头

地说着自己的感想。我以前也听过这些说法,诚不
我欺。

"吃"这种行为,本身也很吸引人。正因如此,
长野县才有著名的采地蜂[3]的习惯。当然了,如果不
了解细黄胡蜂,是无法成功捕捉到它们的。

昆虫是地球上种类最多的生物。据说到今天为
止,人类已经确认的品种有九十万种。也就是说,我
们周围到处都是虫子。

但是,我当了九年的教师,收集到的与虫子有关
的问题和信息意外地少。

与之相对,和貉相关的案例有139件。家蚕和菜
粉蝶等昆虫明明应该在我们身边很常见,我却几乎没
有收集到相关的信息。

3   日本对细黄胡蜂的俗称。(编注)

裕子

小薫

试吃蚕蛹罐头
的画面

越是讨厌越是被吸引

这是为什么呢？我想，原因之一可能是它们很小，不显眼。另外，即使被看到了，也不会引起学生们的兴趣，让他们觉得值得跑过来告诉我这个发现。

虽然学生会送来貉的尸体，但并不会送来菜粉蝶的。也就是说，虫子在我们的日常生活中经常被无视。

像蟑螂或蚊子之类"被讨厌的"虫子，还有少数"可以吃的虫子"，多少还能得到些例外的关注。

有臭味的臭虫、蜇人很疼的蜜蜂等，也在这个意义上可以说相当"有人气"。

"这是什么？"

……学生边问边拿给我这些昆虫

蛾子篇

※翻了一下记录，明明不如蝴蝶招人喜欢，但是经常有人拿着这玩意儿来找我……

"发现了像是毛毛虫和蛾子合体的东西。看起来超恶心！"
6 月 22 日，大贝和日向捡来的

正确答案：一种蝙蝠蛾。没能顺利羽化，所以翅膀没长开

"蚂蚁毛毛虫！看起来像蚂蚁，结果是毛毛虫。"
宏子捡到的

正确答案：苹蚁舟蛾的幼虫。它的前脚很长，看起来很奇怪

"？？这是什么？"
1 月 30 日，貉观察会上遇到的初中生桃井君拿来的

正确答案：一种冬尺蛾的雌性成虫。冬尺蛾雌性没有翅膀

"这是什么？"
已经毕业的彩香随信寄来。她本来想捡回去装饰房间，但同学说恶心……所以寄给我了
1 月 29 日

正确答案：银杏珠天蚕蛾的茧蛹

"这是什么？扔石头砸下来的。"
12 月 15 日，惠子拿来的
正确答案：透目大蚕蛾的茧蛹。这种茧蛹也被称为口袋茧

"这是蝴蝶还是蛾子？"初中生问我
6 月 29 日

正确答案：我还没查到正式名称，是一种蛾子

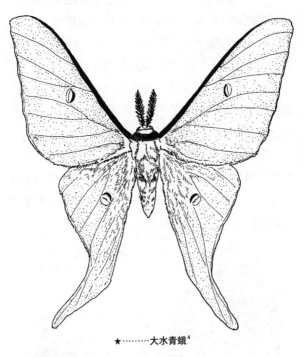

★┈┈┈┈大水青蛾[4]

"翠绿色的大蛾子。"

"发现了颜色像妖怪一样的蛾子⋯⋯"

每年初夏，我都会从学生那里听到这样的话。长着淡蓝色翅膀的大水青蛾十分具有视觉冲击力

4　大蚕蛾科昆虫，学名*Actias artemis*。（编注）

"屋里老是进臭虫，有没有既能消灭它们又不让它们释放臭气的方法？"

"我总觉得臭虫好像会被荧光色的衣服所吸引。"

"臭虫是因为吃了什么臭的东西才变臭的吗？"

特别是在晚秋，到了臭虫开始为过冬而进入学校和宿舍的季节，我经常能看到这样的问题和消息。

顺便一提，我吃过一次臭虫，并不是因为想吃，而是在散步时随手摘了一颗树莓放进嘴里，没想到上面竟然还趴了只臭虫。

平时我对臭虫的气味毫不在意，但这股从口腔直冲鼻腔的臭气实在让人受不了。不管我怎么漱口，过了几十分钟还是觉得很不舒服。我把这件事告诉了学生，他们听了以后可开心了。

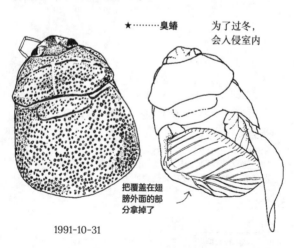

★········臭蝽

为了过冬，
会入侵室内

把覆盖在翅膀外面的部分拿掉了

1991-10-31

"蜜蜂把针射出去以后就会死吗？"

"前几天，我的脚被马蜂蜇了。"

"有蜜蜂在别墅的天花板上筑巢了，我该怎么消灭它？"

同样，关于蜜蜂的问题和消息也很多。

有毒的东西更有"人气"

蜜蜂和臭虫之所以"有人气"，是因为和我们有交集，这种担心自己马上就会成为它们的受害者的想法促使我们去了解它们。

"宿舍的浴室里有蝎子！"

有一天，竹雄他们一边喊一边飞奔进理科研究

1991-1-28

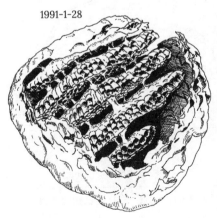

★········发现蜂巢

终于收到这样的报告了。这是近胡蜂的旧蜂巢，外部已经破损，可以看到内部的蜂巢盘

Chapter 03 不讨喜生物的奇妙生态

室。虽然学校地处偏僻，臭虫会潜入宿舍过冬，马蜂和胡蜂也在校内筑巢，但再怎么说宿舍里也不会有蝎子。在日本，如果不去冲绳或小笠原，应该是看不到蝎子的。

我决定立刻"拜见"他们带来的所谓的"蝎子"。

"这是伪蝎。"

他们以为是蝎子倒也有原因。

伪蝎的前脚呈剪刀状，乍一看会让人联想到蝎子。它只是体形比蝎子小得多，也没有长着毒针的尾巴，一般待在落叶底下吃其他的小虫子。

"果然是这样啊……"

隐约觉得"可能不是蝎子"的他们，听到我说是

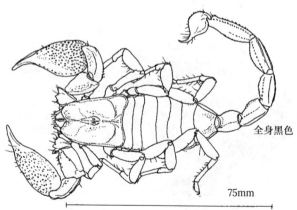

全身黑色

75mm

直子以前去印度旅行的时候，抱着必死的决心抓回来的蝎子

148

伪蝎后似乎也接受了。

"我想看蝎子，哪有蝎子？"

后来，我带领学生们去西表岛修学旅行时，他们都说想看蝎子。

"被蝎子蜇到会死吗？"

看着我找到的蝎子，学生们都激动起来。西表岛上有两种蝎子，毒性都很弱，就算被蜇到也不会死。不过，我并没有试过让蝎子蜇我。

蝎子之所以有"人气"，大概是因为它有毒吧。果然，"恐怖的东西"最受人关注。

竹雄他们之所以会注意到伪蝎这种平时根本没有注意过的小虫子（其实并不是虫子的同类），也是因为他们把它和有毒的蝎子联系在了一起。

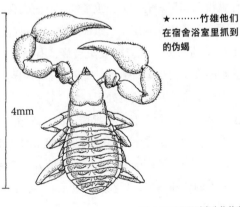

★·········竹雄他们在宿舍浴室里抓到的伪蝎

4mm

Chapter 03 不讨喜生物的奇妙生态

一般来说，不是特别喜欢虫子的人对虫子抱有的兴趣和关心，取决于是否能够"利用"它，或者是否会被它们"伤害"。或多或少出于这个原因，我从学生那里很少收到关于虫子的提问和消息。

我们看不见不感兴趣的东西

坦白说，我曾经是一个昆虫少年。有一段时间，我沉浸在采集虫子做成标本，不断增加新收藏品的快乐里。

从享受收藏的角度来看，那些判断虫子有益或有害的观点完全属于异次元世界。没有这样的"标准"我也能保持对虫子的兴趣，不，应该说我向来一看到虫子就高兴。

但这并不是说什么虫子都行，如果不加点什么限制条件就没意思了。有的人只追蝴蝶，有的人只收集天牛，不知不觉中就确定了收藏的对象。拿我自己来说，上小学的时候，我有时收集蜜蜂，有时收集天牛，甚至还收集鞘翅瓢蜡蝉和大蚊这类怪异的昆虫。

当目标是蜜蜂时，我就处于只能"看见"蜜蜂的状态了。换言之，我拥有了捕捉蜜蜂的"眼睛"，就算被蜜蜂蜇，我也不在乎。当时我没有捕虫网，要么徒手抓，要么用瓶子把蜜蜂罩在停落的地方。我还用瓶子抓过近胡蜂和马蜂，现在回想真是后怕。我当时的状态可以称得上是"蜂热",完全没有害怕的感觉。那种热情已经冷却许久,当时总能看到的蜜蜂如今完全看不到了,我已经失去了看见蜜蜂的眼睛。

最近我又像那时候喜欢蜜蜂一样,对蟑螂产生了兴趣。小学的时候我还对蟑螂完全没兴趣,印象中自己从来没有抓过在家里跑来跑去的黑胸大蠊。现在在我所居住的饭能市已经看不到黑胸大蠊了,不过我屋里倒是住着日本大蠊。我很想看看令人怀念的黑胸大蠊,但手上没有标本。我往老家打电话,问家里人能不能把黑胸大蠊寄过来,被断然拒绝了。

采集昆虫,其实也是在无视自己不感兴趣的昆虫。

★………半翅目昆虫的奇妙形态(之二)

[从左至右:伯瑞象蜡蝉、窗耳叶蝉、]
[双色肖耳叶蝉、颖蜡蝉]

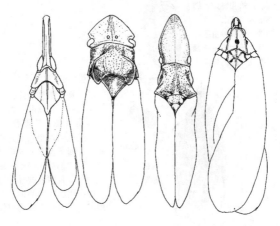

普通的虫子也很有趣

也就是说，如果对某种东西不感兴趣，就很难发现它的存在。平时对虫子不感兴趣的人有时也会出于"有益／有害"的视角对虫子产生兴趣，对于喜欢虫子的人来说也一样，会有自己不感兴趣的虫子。

我坐在地上看虫子的时候，有路过的学生跟我搭话。

"你在干什么？"

"这么看着有意思吗？"

如果不明白其中的乐趣，就只会觉得我是一个古怪的家伙。

"这是什么虫子？"

都说白蚁和螳螂、蟑螂很像。这么一说，的确，这几种虫子好像都有一大堆虫卵紧紧挨在一起的特点

黑胸大蠊

35mm

10mm

蟑螂卵鞘

黑胸大蠊从国外传入日本。我以前在馆山的老家经常能看到，最近因为想画它的样子回了老家，老爸却说："都被灭得差不多了啊。"我四处搜寻，最后在厕所一角的柜子上发现了这只黑胸大蠊的尸体

"那是回木虫[5]的幼虫。"

"你怎么知道的？"

"⋯⋯⋯⋯"

他一边问，一边似乎确定了知道虫子名字的我就是个古怪的家伙。

不过，被认为是古怪的家伙就是我的本意，所以没关系，但我为什么会觉得既非有益也非有害的"普通虫子"有趣呢？我想讲讲这个话题。

举个例子，有一种名为塔形癞象的象鼻虫。象鼻虫指的是一类嘴巴很长，就像大象鼻子一样的甲虫。这种名为塔形癞象的虫子就是"普通的虫子"，即使

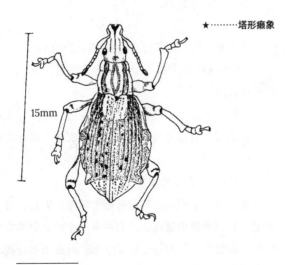

★⋯⋯⋯塔形癞象

15mm

发现也不会让我感到惊讶或高兴。

虽然是普通的虫子，但翻开本书的读者也几乎没人听过它的名字吧。学生带到我这里来的东西中，这种虫子在九年间大概只出现过三次。一般情况下，几乎不会有人特别留意到它。

这三次中的第一次，学生只问了一下这是什么虫子，就结束了对话。

第二次也是以同样的对话开始的。然而，当奈美穗她们拿着虫子过来的时候，竟然说："这个很可爱吧，我们想把它当作宠物来养。"着实让我吃了一惊。

五十岚的疑问

我还从来没有把象鼻虫当宠物养的想法。

"因为这种虫子都不怎么动嘛。你看，就一直这样趴在衣服上。"

的确，听到她们这么说，我发现这只塔形癫象的行动很迟缓，看起来是那种可以放在衣服上带着到处走的虫子。

"真可爱，太可爱了！"

她们兴高采烈地叽叽喳喳聊个不停。但是，对我来说，看到象鼻虫就这么开心的学生才是更为珍贵的存在，我想把她们的样子记录下来。对虫子本身我倒没有那么大的兴趣。

然后是第三次。

"我找到了有意思的虫子，就拿过来了。"

太郎在我桌上留下了这样的便笺，上面还放着一只象鼻虫。

"哎呀，原来是抓到塔形癞象了啊。"

也就是给我留下了这种程度的印象而已。

说到底，我也只是比学生们知道更多虫子的名称而已，大多数时候我看到虫子并不会产生很有趣的感觉。

不过，第三次并没有这样结束，它是让我第一次觉得塔形癞象很有趣的契机。

就在太郎留下这只虫子的那天，五十岚碰巧也带来了一只一样的虫子。

"螳螂，这只象鼻虫翅膀都张不开了。"

他经常突然造访理科研究室，轻声说出这句台词

螳螂~这是啥呀？

他喜欢象鼻虫，即使在昆虫爱好者中，也算是爱好非常小众

★⋯⋯⋯五十岚

发现了（？）塔形癞象没有翅膀的男人

初中时穿着工作服上学的样子。在地铁站检票口被拦住问"你真的是初中生吗？"

昆虫少年五十岚边说边走了进来。

"不会吧?"

以象鼻虫为代表的甲虫类昆虫的四片翅膀中,上侧的两片(前翅)很硬,覆盖着内侧用于飞行的翅(后翅)和腹部。我想得很简单,以为只是两片前翅张不开而已。

"你看。"

他抓起太郎拿来的象鼻虫,让我看它张开翅膀的样子。

会飞的虫子中还有不会飞的虫子

"?!"

五十岚说的是真的,这只象鼻虫的翅膀确实张不开了。

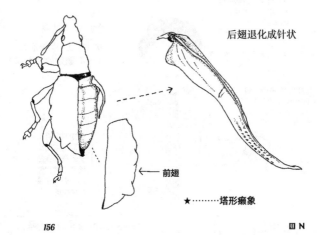

后翅退化成针状

← 前翅

★‥‥‥‥塔形癞象

"嘿——！"

强行用力捏的话，它也能勉强张开。但是，张开以后更让人吃惊的是，张开的前翅内侧并没有看到本来应该用于飞行的后翅。再仔细一看，原来它萎缩变小了，只能称之为"后翅的残骸"，靠这个是飞不起来的。

"不能飞的象鼻虫！"

我一下就来了兴致。虫子本来是会飞的生物，蟑螂就是因为会飞才被学生嫌弃的。在这些"会飞的虫子"中还有"不会飞的虫子"，这让我觉得很有趣。我的确知道一些昆虫没有长用于飞行的翅膀，比如步甲和之前介绍过的东方水蠊。但当这样的虫子毫无预期地出现在我眼前时，我还是再一次感到不可思议。

★………淡灰瘤象

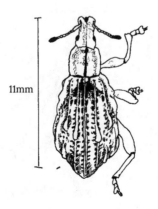

11mm

Chapter 03 不讨喜生物的奇妙生态

"这家伙为什么飞不起来呢？"

在日常生活的"普通"之中，像这样小小的疑问，会成为激发好奇心的原动力。

我立刻去找五十岚，问他在哪儿抓到的象鼻虫。

"它趴在虎杖的叶子上。"

从他那儿得到了这样的答复，放学后，我在校舍后面长着虎杖的草地上成功抓到了象鼻虫。

晚上，我再次试着逼象鼻虫张开翅膀。这时我发现了之前的一个小误会。太郎带来的塔形癞象的后翅的确已经退化了。但是，五十岚带来的那只"翅膀张不开"的象鼻虫，仔细一看，其实并不是塔形癞象。我查了图鉴，发现它原来是淡灰瘤象。不过，这家伙也的确如五十岚所说，前翅难以张开，后翅退化了。

虽然是偶然，但在这一天里，我发现了两种不会飞的象鼻虫。

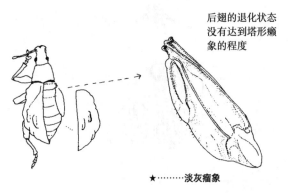

后翅的退化状态没有达到塔形癞象的程度

★⋯⋯⋯淡灰瘤象

不会飞有什么好处吗？

我之前不知道这两种象鼻虫的后翅都已经退化了。打开图鉴，里面也没写关于退化的内容。或许这是业内人士早已熟知的事实，但我还是忍不住为自己发现了眼前这个书里没写的东西而开心不已。突然间，我对不会飞的虫子产生了兴趣。就连以前就知道的那些不会飞的虫子，也想重新确认一下关于它们的信息。

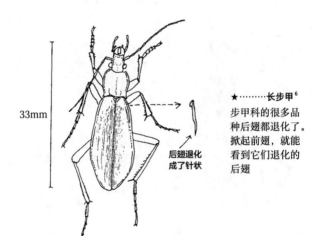

33mm

后翅退化
成了针状

★⋯⋯⋯长步甲[6]
步甲科的很多品种后翅都退化了。掀起前翅，就能看到它们退化的后翅

6　学名 *Carabus procerulus*。（编注）

进行了各种各样的调查后，我发现"不会飞的虫子"出乎意料地多。以甲虫为例，除了象鼻虫有不会飞的品种以外，步甲、天牛，甚至锹形虫都有不会飞的品种，苍蝇和飞蛾也有翅膀退化而不能飞的品种，跳蚤和虱子也没有能用来飞的翅膀。事实上，所有品种都会飞的昆虫才是少数。

有翅膀会非常方便，虫子可以自由地捕食，也可以逃脱敌人的追捕。为了雄性和雌性能够相遇，它们最好拥有这样的移动工具。翅膀的优势令虫子在这个世界上如此繁荣。

那么，为什么它们会舍弃这种优势，反而变成了"无翅·不会飞"的存在呢？不会飞有什么好处吗？

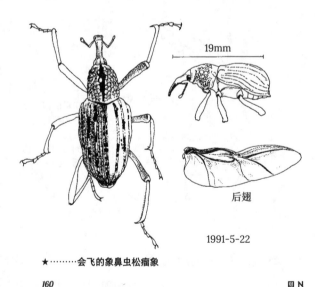

19mm

后翅

1991-5-22

★⋯⋯⋯会飞的象鼻虫松瘤象

蜜蜂的同类，蚂蚁，是"无翅"类昆虫的代表。很难让学生们相信蚂蚁是蜜蜂的同类，但仔细观察就能发现，蚂蚁身上有很多像蜜蜂的地方。而且，蚁后和蚁王在一生中仅有一次的婚飞时，会长出翅膀，这就是蚂蚁的祖先是有翅膀的蜜蜂的证据。

结束婚飞的蚁后，一落地就会扔掉翅膀。而且，为了培育第一批工蚁，还会将用于飞行的肌肉转化为营养成分。

飞行并非有翅膀就够了，为了能飞行，还必须有用于飞行的肌肉，而这才是重点。

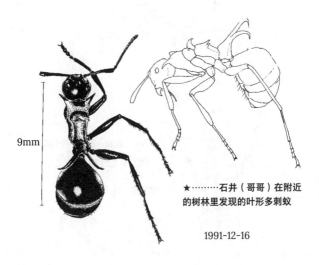

9mm

★⋯⋯⋯石井（哥哥）在附近的树林里发现的叶形多刺蚁

1991-12-16

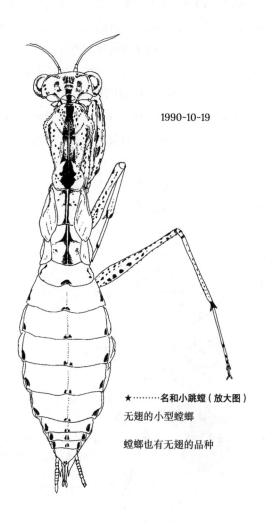

1990-10-19

★………名和小跳螳（放大图）

无翅的小型螳螂

螳螂也有无翅的品种

鸟类如何利用胸部肌肉

鸟类是会飞的生物的代表。飞行除了需要翅膀，还需要胸部肌肉。观察鸟的骨骼，就会发现它们的胸骨在身体下方呈板状向外突出。它们的胸骨之所以这样突出，是为了让飞行所需的肌肉可以生长在这里。这些肌肉就是所谓的胸大肌和胸小肌，正因为有了这些肌肉，它们才得以展翅高飞。

然而，连鸟类里都有不会飞的家伙，它们身上也有一些耐人寻味之处。我以前住在新西兰的时候看过恐鸟的骨骼，它没有翅膀，是一种不会飞的巨鸟，胸骨上自然也没有供肌肉生长的突出部分。就像我从动

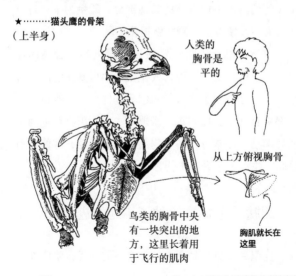

★⋯⋯⋯猫头鹰的骨架
（上半身）

人类的胸骨是平的

从上方俯视胸骨

鸟类的胸骨中央有一块突出的地方，这里长着用于飞行的肌肉

胸肌就长在这里

物的耳骨中感受到了进化一样，胸骨的凸起也能让人感受到鸟类的"飞行力量"。

飞虫也同样需要飞行所需的肌肉。不会飞意味着原本属于这块肌肉的营养会被分配到身体的其他部分，这就是不会飞的虫子的优势。

观察不会飞的昆虫时，我发现好几种都是雌性不会飞。蟑螂里的日本大蠊，雄蟑螂能飞，而雌蟑螂的翅膀很短，不能飞。矮龟蠊等昆虫的雄性是普通的蟑螂形态，而雌性看起来几乎和鼠妇差不多。另外，在蛾类中也有类似的例子，裹衣虫是裹蛾科幼虫，雄蛾成虫会长出漂亮的翅膀，而雌蛾的成虫仍是肉虫，以这种莫名其妙的形态终老一生。前面提到昆虫会将用于飞行的营养供应身体的其他部分，雌蛾为了将自己的营养用在繁育上，翅膀就退化了。

当然，也有不管是雄虫还是雌虫都不会飞的昆虫。对于这些虫子来说，大概生活中用到翅膀的情况很少，而且将用于飞行的肌肉另作他用，对雄虫和雌虫都更有利吧。比如东方水蠊等，它们用脚在地面上四处爬动，经常进入各种物品之间的缝隙，即使没有翅膀，生活也不会有不便之处。

翅膀的退化是一种了不起的进化？

巨型鸟类恐鸟是著名的不会飞的鸟类，生活在岛上，这样的鸟还有褐几维鸟和渡渡鸟。在没有天敌的岛上，不会飞的鸟也能生存。正因如此，它们才进化成了这个样子。这么一想，鸵鸟在不会飞的鸟类中也算是一种很奇怪的存在，难道它们是通过把自己的体形变得更大来抵御天敌吗？

和鸟类一样，在岛上也能经常看到不会飞的昆虫。关于这一点，有人指出，这与它们的天敌有关。在岛这样有限的空间里，飞行能力不仅没有必要，甚至可能成为生存的障碍。也就是说，如果长了翅膀，它们很可能会被风吹走，掉进海里。

综上所述，不会飞确实有好处。从这个角度看，翅膀的退化是一种了不起（?）的进化。但另一方面，不会飞的虫子在很多事情上失去了能飞带来的优势，比如逃避天敌、邂逅交尾对象、向有食物的地方移动等。

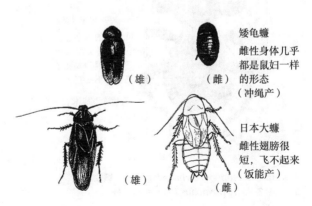

（雄）　　　　　　（雌）

矮龟蠊
雌性身体几乎
都是鼠妇一样
的形态
（冲绳产）

（雄）　　　　　　（雌）

日本大蠊
雌性翅膀很
短，飞不起来
（饭能产）

那么，那两种象鼻虫在这一点上是怎么做的呢？面对天敌，我想它们会用坚硬的身体来防御，除此之外，即使我再怎么盯着手边的象鼻虫看，也完全没头绪。很遗憾，这个问题没有解决，我决定过几天去野外观察一下。

我对不会飞的象鼻虫还产生了另一个疑问。暑假的时候，我带着户外俱乐部的人去八丈岛露营。那里有一种奇怪的锹甲虫，叫八丈岛锹甲[7]，虽然有后翅，但几乎不会飞。这家伙的祖先原本是本土的"会飞的锹甲"，但在岛上定居的过程中变得（或者正在变得）不会飞了。

14mm

★⋯⋯⋯**黑坚球背象甲[8]**
就像它的名字那样，它长着非常坚硬的翅膀，因为太硬了，鸟类都不吃它

← 后翅已经退化，不能飞了
（西表岛产）

---

7   学名 *Prosopocoilus hachijoensis*。（编注）
8   学名 *Pachyrrhynchus infernalis*。（编注）

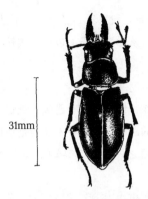

★ ········八丈岛锹甲

"不会飞""不吸食树液""不靠近光亮"……这也不做那也不做的奇怪锹甲。乍一看，它和本土的日本锹甲的原齿型很像，但实际上习性相差甚远。我和石井他们在八丈岛露营时，在路边捡到了这只的尸体

※ 原齿型指雄性锹甲的大颚形态，表示大颚发育不良

在八丈岛上找虫子的时候，我竟然又发现了那种不会飞的淡灰瘤象。这个不会飞的家伙是怎么来到这里的？锹甲的话，我认为有可能是幼虫趴在朽木上被一起冲到这里来的。但淡灰瘤象和锹甲不同，在来到这座岛之前应该就不会飞。

不会飞的生物是怎么来到岛上的？

淡灰瘤象的幼虫究竟栖息在哪里？会不会是乘着洋流漂过来的？我一直苦思冥想也想不出答案。

在八丈岛发现青蛙时也让我吓了一跳。

"这种大海中央的孤岛上，怎么会有青蛙呢？"

查了资料之后发现，原来它是被人带过来的。

八丈岛上还有蝮蛇。

"嗯，我知道。蝮蛇嘛，我只看到过一次。不过，小学的时候老师讲过，自从鼬来到岛上以后，蝮蛇的数量减少了很多。"

八丈岛出生的父亲和我讲了这些。

我很想亲眼看看蝮蛇，但一直没有碰到。蝮蛇又是怎么来到这种海中央的岛屿的呢？我不认为是那种特意带毒蛇来放生的疯癫之人（我也不想在八丈岛以外的地方遇到蝮蛇）。

尽管蝮蛇和象鼻虫相去甚远，但它们同样是"MUSHI[9]"，身上都存在着"究竟如何来八丈岛的"这个疑点。

学者星野通平在《毒蛇的来路》（东海大学出版社出版）一书中涉及过这个话题，他提出的观点是，蝮蛇是在冰河时期海平面下降以后，从本州沿着陆地一路来到岛上的。

昆虫学者黑泽良彦在杂志《日本生物》（文一综合出版，1990年2月号）中提出，伊豆诸岛上的昆虫有些可能随着洋流而来，有些则可能是在八丈岛与日本本土大陆相连的时候来到岛上的。

但是，很多地质学家都认为八丈岛是海底火山喷发形成的岛屿，从未与本土大陆相连过。

知道这两种说法以后，我不禁想亲自去探究一

9　蝮蛇日语里读音为"mamushi"，象鼻虫的读音为"zoumushi"，都有"mushi（虫）"。

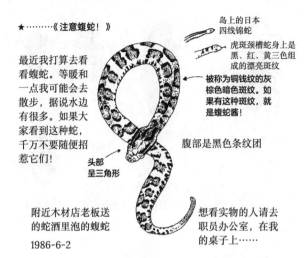

★⋯⋯⋯《注意蝮蛇！》

最近我打算去看
看蝮蛇。等暖和
一点我可能会去
散步，据说水边
有很多。如果大
家看到这种蛇，
千万不要随便招
惹它们！

头部
呈三角形

岛上的日本
四线锦蛇

虎斑颈槽蛇身上是
黑、红、黄三色组
成的漂亮斑纹

被称为铜钱纹的灰
棕色暗色斑纹。如
果有这种斑纹，就
是蝮蛇酱！

腹部是黑色条纹团

附近木材店老板送
的蛇酒里泡的蝮蛇

1986-6-2

想看实物的人请去
职员办公室，在我
的桌子上⋯⋯

下真相究竟如何，所以我抓了八丈岛上的蝮蛇和象
鼻虫。

我想问问它们，"你是从哪里来的呢？"

由一件怪事展开了联想

如前所述，塔形癫象曾经对我来说只是知道名字
的虫子而已。多亏五十岚把它带来，跟我说它的"翅
膀张不开"，才让我对它产生了疑问，它在我眼里也
变成了有趣的虫子。有了兴趣就有了新的疑问，我又
开始将它和其他生物逐渐建立起联系。这很像是一种
联想游戏。

某种墨伪邻烁甲[10]

路易斯吉丁虫

二斑锐顶天牛

矮锹甲

淡灰瘤象

★⋯⋯⋯八丈岛的虫子

它们是怎么来到这座岛上的呢?

另一个联想游戏从一件怪事开始。

大家知道一种叫"竹节虫"的虫子吗?它长得像树枝一样,体形细长。我向学生们提问,发现大部分学生都知道它的名称,但实际见过的学生很少。在我住的埼玉县饭能市一带,经常可以在树林里看到竹节虫。

春天,竹节虫用丝线一般纤细的脚在树林里大胆探索,以杂木林的树叶为食,夏天长成成虫。

对于患有"怕麻烦综合征"的我来说,饲养昆虫就像制作标本一样,不,甚至比制作标本还要让人头疼。但是,养这种竹节虫,只要每隔几天给它们换一根带叶子的树枝就行了。而且,它们在饲养箱里几乎

10　学名 *Plesiophthalmus nigrocyaneus*。(编注)

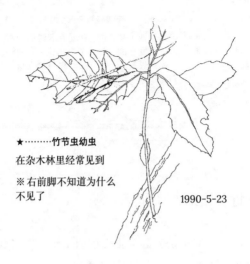

★⋯⋯⋯竹节虫幼虫

在杂木林里经常见到

※ 右前脚不知道为什么
不见了

1990-5-23

不怎么动,偶尔吃吃叶子,拉拉屎,养了也几乎无法带来乐趣。

《全集·日本动物志》(二十九卷,讲谈社出版)收录了一篇昆虫学者安松京三的文章,标题为《竹节虫的生活》,记录了日本皮竹节虫一天的生活。

这是一份二十四小时紧盯竹节虫的记录,但除了"吃"和"拉屎"就没别的词了。作者还无数次提到自己"被睡魔侵袭"。观察这样一动不动的虫子真是不容易啊。可以说,竹节虫就是一种无聊得会让人被睡魔乘虚而入的虫子。

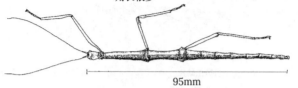

★·········日本皮竹节虫（雌）

毕业生拿来的，说是在长野的别墅里发现的。和竹节虫相比，它的触角长很多

95mm

竹节太郎，产卵了

虽然竹节虫是养起来很无聊的虫子，但对我来说，光是"能饲养"就足以让我感到充实了。

6月15日，我抓到了一只竹节虫幼虫，给它起名叫"竹节太郎"，对它宠爱有加（话虽如此，其实只是喂食而已）。饵食方面，我给它喂的是鹅耳枥、枪栎、朴树的叶子。这只幼虫身长53毫米，四天后蜕皮，又长到了64毫米。7月3日，它蜕皮成为成虫，竹节虫的成虫和幼虫都是一样的形状，但它身长长到了90毫米。

在它变成成虫之前，我记录了它一天的粪便量，一共65块。除了数它拉的屎，我也没什么别的事可干了。

7月13日，"竹节太郎"变得精神萎靡。我不应该把饲养箱放在窗边的。完蛋了，我是个连竹节虫都养不好的男人。

我急忙给它更换草料，往它身上洒水，挪到了阴凉处。

7月13日，因为我第二天要去旅行，所以决定把"太郎"放生。

到此为止，饲养日志还是没什么波澜，但是放生那天发生了一个重大事件。"太郎"不知什么时候产了卵。会产卵，说明它是雌性。于是，放生当天，我将"竹节太郎"改名为"竹节子"。

为什么说这是重大事件，当时的我还没有意识到。竹节虫的卵形状有点奇怪，与其说是卵，不如说更像种子。

直到放生那天，我才把散落在饲养箱底部的卵从粪便里清理出来（也就是说，直到那天之前我都没有打

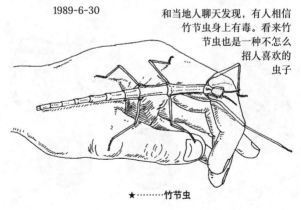

1989-6-30

和当地人聊天发现，有人相信竹节虫身上有毒。看来竹节虫也是一种不怎么招人喜欢的虫子

★·········竹节虫

扫过)。

　　然而，问题是，从饲养记录可以看出，这只"竹节子"在还是幼虫的时候就被我抓到，一直单独养在我家。那家伙产卵了，而会产卵的是雌性，因此我才给它改了名字，它的雌性竟然可以独立产卵。

　　这才是重大问题。

不需要雄性也能生殖

　　"可是，母鸡不是也能自己下蛋吗？"
　　"我们家的白腰文鸟，也是雌性独立下蛋。"
　　上课的时候，我给学生们讲了竹节虫产卵的事以后，有学生这样回答。

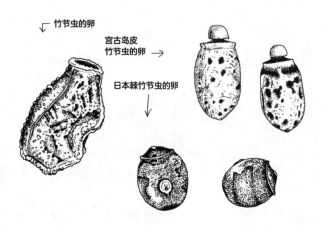

竹节虫的卵

宫古岛皮
竹节虫的卵 →

日本棘竹节虫的卵
↓

"那么，你们觉得这些蛋里会有小宝宝吗？"

"不会的。对了，那个是不是叫无精蛋？"

其他学生也纷纷附和。

"可是，竹节虫的卵里是有孩子的。"

听了我的话，学生们立刻七嘴八舌地讨论起来。

"为什么？"

"我知道了！是在被抓到之前就交配了吧？"

"可是抓的是幼虫啊。一定是雌雄同体吧！"

这次大家都同意了雌雄同体的说法。

"但应该不是。"

的确有蚯蚓、蜗牛等雌雄同体的动物。但是他们（她们?）也必须交配。也就是说，与其他个体交配才能交换精子，给彼此的卵子授精。

"这么一说，这家伙是独自被养大的，也就无法

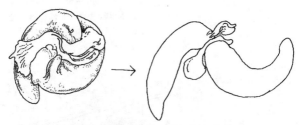

蛞蝓交尾。蛞蝓和蜗牛一样是雌雄同体。但是，它们需要通过交尾来互相交换精子，呈"卍"字形缠绕状（见左图），解开以后就是右边这样头部紧贴的状态

1993-7-30 绘于对马

通过这种方式受精了吧……"

竹节虫并非雌雄同体。其实，它们就是孤雌生殖的物种。也就是说，我们在野外见到的竹节虫都是雌性。

"什么？只有雌性，这是怎么回事？"

"既然都是雌性，那怎么知道是雌性呢？"

学生的提问很有道理。

日本除了竹节虫以外，还有其他好几种竹节虫科的昆虫，它们"一般"也被分为雄性和雌性。以日本皮竹节虫为例，通过对比雄性和雌性，我们会发现雌性的体形要大得多，从外观上很容易辨别。另外，竹节虫偶尔会出现雄性个体的例外。

★………**雌性日本皮竹节虫**

日本皮竹节虫由雌性和雄性交尾后产卵，雄性比雌性体形更小更纤细

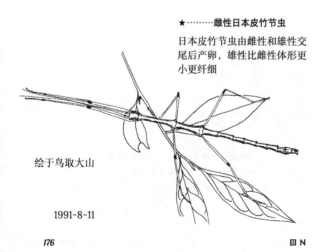

绘于鸟取大山

1991-8-11

进化之后舍弃雄性?

有一本名称古怪的会刊叫《蚂蚱蝈蝈》,由一个名称也很古怪的团体——日本直翅类研究会发行。简单地说,就是研究蚂蚱和蝈蝈等虫子的研究会,我也加入了。

《蚂蚱蝈蝈》第85期刊登了竹节虫特辑。这一期我至今仍时常拿出来读一读,冈田正哉先生在这一期中对日本的竹节虫科进行了大致的总结。

冈田先生说,到目前为止,只有3次关于竹节虫雄性个体的记录。日本的竹节虫科昆虫一共有15种(冈田先生总结的14种,以及本会刊发行后新发现的八重山津田氏大头竹节虫)。其中14种里,有9种既有雌性也有雄性,5种只有雌性。另外,在雌雄都有的9种中,有

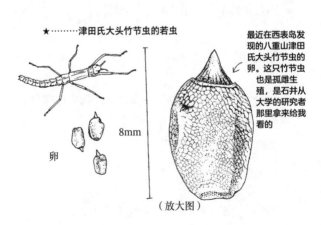

★·········津田氏大头竹节虫的若虫

8mm

卵

最近在西表岛发现的八重山津田氏大头竹节虫的卵。这只竹节虫也是孤雌生殖,是石井从大学的研究者那里拿来给我看的

(放大图)

2个分布在北方的品种可以孤雌生殖。还有一种是如果饲养条件适宜，就可以孤雌生殖，繁育后代。

也就是说，竹节虫科昆虫和一般的昆虫一样，本来也是雌雄两性并存的，但其中的某些品种似乎由于生存条件（例如分布在北方）的不同，进化成了竹节虫那样只有雌性个体常见的品种。

竹节虫中"例外"地出现雄性个体，证明竹节虫曾经也有雄性（所以说例外很重要），或者说出现雄性个体是一种返祖现象。

"进化之后，只剩下雌性了吗？"

"人类进化后也会变成'只有雌性'吗……"

学生的心情似乎变得很复杂。

"从生育子女、留下后代的层面来看，只有雌性应该也没关系吧。那么，为什么会有雄性呢？"

这是由竹节虫引出的另一个问题。

雄性是无用品吗？

在给学生们讲解这种竹节虫之前，我先在课堂上让他们思考了雄性和雌性存在的意义。

"雌性会产卵和生子。"

这一点可以轻易想到。

"那雄性呢？"

"嗯……保护孩子不被外敌伤害之类的。"

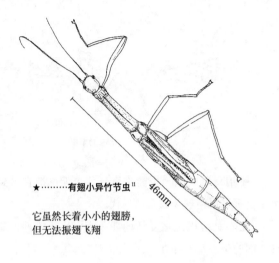

★·········有翅小异竹节虫[11]

它虽然长着小小的翅膀，
但无法振翅飞翔

"也有把孩子生下来就不管的啊。"

"怎么说呢，要生孩子的话光有雌性是不行的，还需要雄性。"

学生们给出了这些回答。但是，如果从竹节虫的角度来看，要想繁衍后代，只要有雌性就足够了。那么雄性是无用品吗？

"如果雌性只靠自己就可以生育，有什么方便之处吗？"

"可以想什么时候生就什么时候生，不用等着和雄性邂逅。"

11　学名 *Micadina phluctainoides*。（编注）

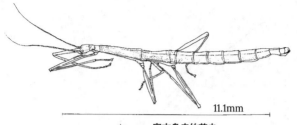

11.1mm

★⋯⋯⋯宫古岛皮竹节虫

"哪怕只剩一只,也能生育后代。无论把它带到哪里,都可以用这一只繁衍后代。"

"是不是可以说是爱情的斗争呢?反正雄性、雌性之间的争吵都不存在了。"

竟然有这么多好处,真是不可思议。

包括人类在内,一般的动物都有雄性和雌性之分。正因如此,我才会觉得只有雌性的竹节虫很奇怪。那么雄性存在的好处是什么呢?

"可以共同养育孩子吧。"

"只有雌性的话,就不能恋爱了,就不能拍恋爱电视剧了。"

不能恋爱,大家都莫名对这一点感到认同。但是,这并不是雄性存在的重要理由,说这话的人自己也明白。

"如果只靠雌性生孩子,会怎么样呢?"

"啊,这个啊。如果只有雌性的话,那所有的孩子都是母亲的克隆体。"

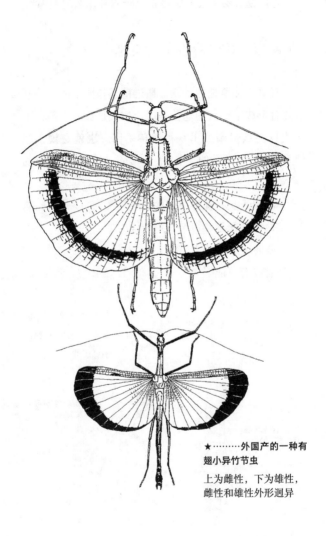

★⋯⋯⋯外国产的一种有
翅小异竹节虫

上为雌性,下为雄性,
雌性和雄性外形迥异

克隆是什么? 还有, 都是克隆体有什么问题吗?

所以, 雄性存在的意义是……

有雄性和雌性的动物, 通过精子和卵子的遗传基因混合形成下一代的遗传基因。如果是孤雌生殖, 下一代只能从母亲那里获得遗传基因。也就是说, 遗传基因会与母亲的基因完全相同, 这就是所谓的"克隆"。

"如果人类是孤雌生殖的话……"

"每个孩子都和母亲长得一样!"

"哎呀, 太恐怖了。"

"有没有可能……"

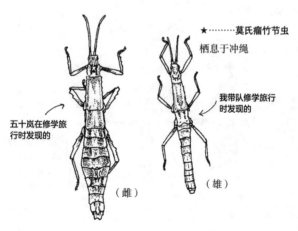

★┈┈┈┈┈莫氏瘤竹节虫
栖息于冲绳

我带队修学旅行时发现的

五十岚在修学旅行时发现的

(雌)

(雄)

"什么？"

"如果是克隆的话，那么身上的特质也都一样吧。也就是说，如果母亲对某种疾病的抵抗力差的话，孩子也会拥有这样的特质。这样一来，如果某种疾病流行的话，整个种族不就全部灭绝了吗？"

"原来如此……"

"反过来想想，雄性存在的理由是？"

"是为了阻止克隆。"

这就是学生和我思考出的答案。也就是说，雄性存在的意义在于可以丰富后代的基因，即使环境恶化，也不会因为单个因素而导致种族灭绝。

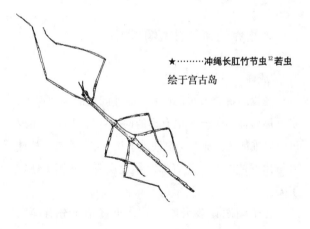

★………冲绳长肛竹节虫[12]若虫
绘于宫古岛

12　学名 *Entoria okinawaensis*。（编注）

"而且，如果是克隆的话，不就不会进化了吗？"
也有学生提出了这一点。

如果雌雄都存在，生孩子的确是件很麻烦的事。就像蟋蟀的叫声，其实也是雄性吸引雌性的手段，而且不同品种的蟋蟀叫声也不同。即使吸引到雌性，如果吸引来的不是同样品种的雌性，也没有意义。动物中还有对雌性跳求偶舞的，也有给雌性送礼物的，但是，这样的麻烦是有好处的。正因如此，看似无用的雄性竹节虫才仍然"平常"地存在着。

从竹节虫身上，我们注意到了好像"理所当然"存在的雄性存在的意义，而思考这个问题的契机，是我在饲养竹节虫期间不经意发生的一件事。

自然界的奇妙生殖策略

"或许……"

在我讲解竹节虫的雌性·雄性问题的那节课上，宗近最后提出了一个很有趣的问题："竹节虫只出现过三只雄性吧。那么，也许过个几十年，会赶上雄性大量出现的时候，趁着那时候交换遗传基因不就行了吗？"

这个问题让我大吃一惊，果真是十分有趣的思考。

"竹子不也一样吗？只有根一直在长，几十年才

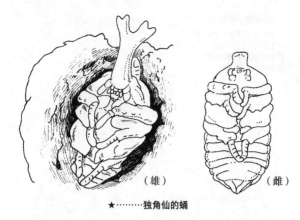

（雄）　　　　（雌）

★………独角仙的蛹

独角仙还是蛹的时候就雌雄分明

会开一次花。"

　　他说得没错，让人不禁联想到也许竹节虫也是这样生存的。

　　仔细想想，的确存在像宗近所描述的那样的虫子，那就是蚜虫。

　　"雪虫是什么呀？"

　　"就是长了翅膀的蚜虫。"

　　我曾经和学生有过这样的问答。之前还有人把长着翅膀的蚜虫拿过来问我："这是蛾子吗？"

　　蚜虫，就是那种粘在植物上吸取汁液的家伙，这个大家都知道。但是很多学生不知道的是，蚜虫到了秋天会长成有翅膀的虫子。

　　只有雌性蚜虫能从春天活到秋天。它们依附在植

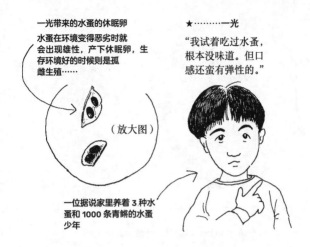

一光带来的水蚤的休眠卵

水蚤在环境变得恶劣时就会出现雄性，产下休眠卵，生存环境好的时候则是孤雌生殖……

（放大图）

一位据说家里养着 3 种水蚤和 1000 条青鳉的水蚤少年

★………一光

"我试着吃过水蚤，根本没味道。但口感还蛮有弹性的。"

物上，不断产下没有翅膀的后代。但秋天会出现长了翅膀的雌性和雄性，它们交换遗传基因并产卵。

这样诞生的蚜虫，依然只有雌性的数量不断增加，如此反复进行。

也就是说，蚜虫是将孤雌生殖与雌性交配生殖的优点相结合的家伙。虽然周期只有一年，但的确是按照宗近所说的方式生存的。

尽管蚜虫被瓢虫等各种昆虫捕食，仍然随处可见，也许正是因为它们采取了这样的生存方式，乍一看好像很脆弱，但是……想到这里，我又开始对蚜虫来了兴致。

蚜虫也是种奇怪的虫子。虽然每只蚜虫的寿命都很短，但在一年之中，蚜虫会一代接着一代地重复

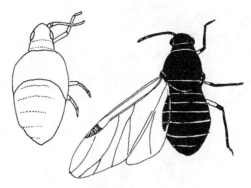

★·········球米草粉角蚜与其有翅成虫

"无翅的雌性→有翅的雄性·雌性"的变化。

夏天，八丈岛与三宅岛

蚜虫采取的生存方式，是在一年内交替进行孤雌生殖和雌雄交配生殖。与蚜虫相比，竹节虫坚持孤雌生殖，生存方式简洁明了。

带户外俱乐部去八丈岛露营时，我一到岛上就去找竹节虫了。这座岛上有两种竹节虫。一种是岛上自古以来就存在的采取雌性交配方式繁衍的竹节虫，长肛竹节虫。我抓了它的幼虫，试着带回家养，结果，它长成成虫以后直到死也没产过卵。看来这种竹节虫只有一只是无法产卵的。

另一种是和观叶植物一起"归化"到岛上的日本

Chapter 03 不讨喜生物的奇妙生态

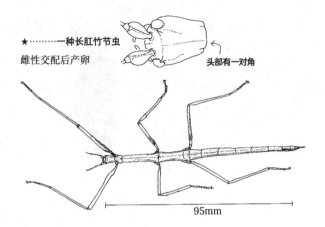

★⋯⋯⋯一种长肛竹节虫
雌性交配后产卵

头部有一对角

95mm

棘竹节虫，这种竹节虫是孤雌生殖。我带回去的日本棘竹节虫，因为养得不好，很快就死了（毕竟我不是所有种类的竹节虫都能养），很会养的石井8月30日带回去了几只成虫，一直养到第二年的1月11日它才死。他告诉我，在这期间，雌性日本棘竹节虫平均每只产下了119颗卵。竹节虫会在很长一段时期内断断续续地产卵。

在八丈岛的夏令营期间，日本棘竹节虫更吸引我。作为归化种的它，即使只有一只也能不停地产卵，所以种群非常繁荣。

1991年户外俱乐部在八丈岛旁边的三宅岛露营时，石井也发现了日本棘竹节虫。在此之前，我从未看过三宅岛上有这种竹节虫的报告。他的发现非常令人吃惊。他一开始说要去找日本棘竹节虫的时候，我说："这座岛上没有。"但是之后不久他就在路上捡到了日本棘竹节虫的尸体。我对他的执着感到敬佩。

这一年露营期间，我们总共发现了三只日本棘竹节虫的尸体。在1993年三宅岛露营期间，又发现了一只日本棘竹节虫的尸体，这次不是已经毕业的石井，而是由他的弟弟，另一位石井发现的。

孤雌生殖是死胡同吗？

三宅岛上栖息的日本棘竹节虫似乎没有八丈岛上那么多，今后这个数量会发生怎样的变化呢？顺便一提，以前只听说过东方水蠊产自八丈岛，1991年我在三宅岛露营时，石井哥哥在三池的营地也发现了一只。虽然只有一只，但也让我很吃惊。到1993年的时候，三池的营地已经有很多东方水蠊了。

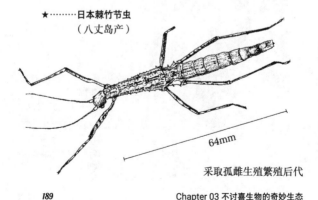

★⋯⋯⋯日本棘竹节虫
（八丈岛产）

64mm

采取孤雌生殖繁殖后代

我并不清楚这两种虫子（日本棘竹节虫和东方水蠊）究竟是什么时候入住三宅岛，又是什么时候被记录到栖息情况的，无论是看《蚂蚱蝈蝈》还是《检索入门：蝉·蚂蚱》（宫武赖夫、加纳康嗣编著，保育社刊），书中都只提到这两种虫子的分布在八丈岛，而没有提三宅岛。

　　仔细一想，它们会不会是混进了我们搭乘的客船"斯特雷奇亚丸"的行李里，最近才从八丈岛移居到三宅岛来的呢？不过日本棘竹节虫估计不是混进了行李，而是它的卵随植物一起被带过来了。不管怎样，对侵入陌生地区而言，孤雌生殖的方式无疑是有利的。

　　在蝎子、壁虎、盲蛇等不是昆虫的动物中，也能

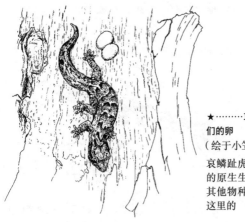

★⋯⋯⋯⋯哀鳞趾虎和它
们的卵
（绘于小笠原 父岛）
哀鳞趾虎并非小笠原
的原生生物，它是和
其他物种一起被带到
这里的

190　　　　　　　　　　　　　日N

见到孤雌生殖的繁殖方式。

盲蛇在冲绳各岛、九州南部以及小笠原等地均有分布，在世界范围内，它也广泛分布于热带地区。它身长十几厘米，乍一看不像是蛇而像蚯蚓。由于体形小以及在地下生活的习性，它们会和树木一起被人类带到世界各处。孤雌生殖的繁殖方式让它们可以轻松适应新环境。

很多动物都采取孤雌生殖的方式，也就是说，这种繁殖方式是在各动物群体中独立进化而来的。但是，这种方便的繁殖方法也有前面提到的缺点。虽然暂时看起来没问题，但如果以后生存环境发生变化，不知道会造成怎样的影响。

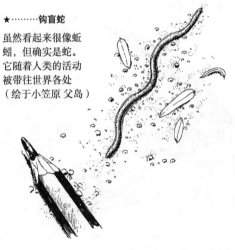

★⋯⋯⋯钩盲蛇

虽然看起来很像蚯蚓，但确实是蛇。它随着人类的活动被带往世界各处（绘于小笠原 父岛）

与蚜虫相比，竹节虫采取了一种似乎更加轻松的生存方式，仔细想想，其实也许是走进了"虫生"(?)的死胡同。

生存在当下，才能创造历史

雄性存在的理由是丰富后代的基因，即使生存环境发生变化，也不会让该物种因为某种单一因素而灭绝——这点在前面已经提到过了。

话虽如此，对于同时存在雄性和雌性的生物，它们创造雄性并不出于这种考虑。只有雌性的生物即使考虑到未来的不利，仍然会进化成孤雌生殖的生物。也就是说，在进化阶段，生物并不考虑未来的事。

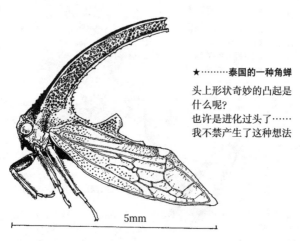

★………泰国的一种角蝉
头上形状奇妙的凸起是
什么呢？
也许是进化过头了……
我不禁产生了这种想法

5mm

竹节虫以外的一些动物种群也有采用孤雌生殖的，它们的未来如何现在无法预测。

顺便一提，过去应该也存在过采用孤雌生殖的动物，也许它们就是因为最终无法适应环境的变化而灭绝了。

也就是说，生物并不是经过"思考"而创造了雄性，而是有雄性存在的物种才生存了下来，将进化的历史延续至今。

现存的生物都背负着历史，但是，这种历史未必能够原封不动地延续下去。过去很多动物的历史都走到了终点，所以我认为，从未来发展的角度来看，采用孤雌生殖方式繁殖的竹节虫已经走进了死胡同。蚜虫这种复杂的生殖方式，从结果看来对物种未来的生存才更为保险。

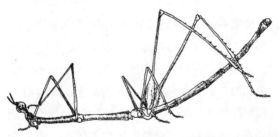

★·········外形很像竹节虫的蚂蚱

是各种偶然的叠加导致的吗？这种外形几乎和竹节虫完全一样的蚱蜢只有雌性

（厄瓜多尔产）

Chapter 03 不讨喜生物的奇妙生态

所有的生物都是生存在"当下"的同时创造了将来的"历史"。

现在我们看到的所有生物，都是经过长年累月的历史积累才成为现在的样子的。

动物尸体的耳朵里的小骨头、竹节虫的产卵方式和象鼻虫的翅膀里都隐藏着进化的历史。也就是说，联想游戏的关键词是"进化"。

它涉及一个问题：为什么会存在这样的生物？在这一点上来说，我们捡动物尸体的原因和对虫子产生兴趣的原因是完全一样的。

恶魔使者和幸福使者

让我们再次回到蟑螂的话题上来。有本书叫《蟑螂三亿年的秘密》(安富和男著，讲谈社 Blue Backs 丛书)，讲述了蟑螂不仅在日本，在外国也同样为人所厌恶。

据说，蟑螂在英国被称为"恶魔的使者"，可见对其厌恶之情。同时，书中还写道，在古代的欧洲，瓢虫被称为"幸福的使者"，被视为寓意吉祥的昆虫。

前面提到过，我们会对虫子产生兴趣，首先是因为想知道它对我们是"有益"还是"有害"。从这个角度来说，瓢虫是吃"害虫"蚜虫的"益虫"代表。

在我们比较熟悉的室内蟑螂中，有很多都是日本原本没有的外来物种，比如黑胸大蠊和德国小蠊。随

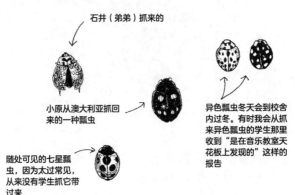

★⋯⋯⋯学生们带来的各种瓢虫

石井（弟弟）抓来的

小原从澳大利亚抓回来的一种瓢虫

随处可见的七星瓢虫，因为太过常见，从来没有学生抓它带过来

异色瓢虫冬天会到校舍内过冬。有时我会从抓来异色瓢虫的学生那里收到"是在音乐教室天花板上发现的"这样的报告

着人类的活动，这些家伙不知何时就在日本定居了。在寒冷的北海道，原本不管是户外还是室内都没有蟑螂，但现在室内也能见到好几种蟑螂了。"恶魔使者"蟑螂明明是不速之客，却在不知不觉间安稳定居了。

而作为"幸福使者"的瓢虫里，也有特意从国外引进的品种。安松京三博士在《天敌》（NHK Books）一书中详细讲述了这种被引进的瓢虫的故事。他是"天敌"主题的研究者，年轻时因为整晚盯着竹节虫而让我们倍感震惊。

橘子的害虫中有一种叫吹绵蚧的虫子，原产于澳大利亚。这位不速之客不知何时入侵了其他国家，为了保护橘子免受侵害，我们从澳大利亚引进了澳洲瓢虫。

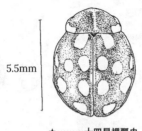

5.5mm

棕色的底色上
有白色的斑点

★‥‥‥‥十四星裸瓢虫

瓢虫的汁液很苦涩，
别问我是怎么知道的

　　我翻开了自己14岁时做的昆虫采集笔记。1976年
7月5日，我在千叶县馆山市的老家附近采集了这种
澳洲瓢虫，它是从遥远的澳大利亚来到我家附近的。

　　稍微偏个题，这样看来，生物除了自身进化的历
史外，还参与着各种各样的历史。现在在我眼前的澳

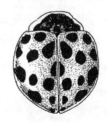

6.5mm

★‥‥‥‥茄二十八星瓢虫

虽然也是瓢虫，但茄二十八星瓢
虫会啃食茄子等农作物的叶子，
被视为农业害虫

洲瓢虫为什么会出现在这里？八丈岛的塔形癞象又是如何在岛上定居下来的？

这样的疑问引出了每种生物独有的历史，它不同于进化的历史，为我们提供了一个有趣的话题。

言归正传。我真是太喜欢跑题了，不过联想游戏也许本来就是跑题游戏。

前面的示例带来了瓢虫是益虫，蟑螂是害虫的印象。人们都说，蟑螂不仅有害，还扁扁的、油乎乎的，它长着褐色的长胡子，外表令人厌恶（我可不会这么说哦）。相比之下，瓢虫又小又圆，红色的衣服上散落着黑色的斑点，看起来活泼可爱。生活中我们能看到瓢虫形状的胸针，但是蟑螂形状的玩具则是小学生里的坏孩子们为了让女孩子发出惨叫而使用的恶作剧

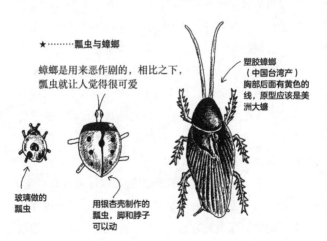

★⋯⋯⋯瓢虫与蟑螂

蟑螂是用来恶作剧的，相比之下，瓢虫就让人觉得很可爱

塑胶蟑螂（中国台湾产）胸部后面有黄色的线，原型应该是美洲大蠊

玻璃做的瓢虫

用银杏壳制作的瓢虫，脚和脖子可以动

道具。

瓢虫为什么有如此鲜艳的外衣呢？答案其实很出人意料。

你试着逗弄过随处可见的七星瓢虫吗？瓢虫受到外界刺激时，身体里会流出黄色的汁液。

"嗯，我见过。"

"那个汁液好苦。"

"哈哈，螳螂，你该不会尝过吧？"

没错，我尝过。瓢虫被刺激后流出的汁液很苦。而这苦涩的汁液，正是瓢虫外表鲜艳的秘密。

生者的背后有死者的身影

竹节虫乍一看很像树枝，其实是为了不被敌人吃掉采取的生存策略。这种伪装的行为就叫"拟态"。

解剖貉的时候，我们从它的胃里发现了步甲、灶马、蝈蝈、蜻蜓、梨片蟋等昆虫，还从粪便中发现过双齿刀锹甲的碎片。貉吃虫子，但从数量上说，应该还是鸟类吃虫子吃得最多。用实体显微镜观察燕子的粪便时，里面有很多虫子的碎片。竹节虫长得像树枝，大概是为了骗过鸟的眼睛。

这样一来，就能明白瓢虫的苦涩汁液有何用意。没错，就是为了不被鸟吃掉。话虽如此，鸟儿也并非天生就知道瓢虫是苦的。不尝一次试试，就不会知道

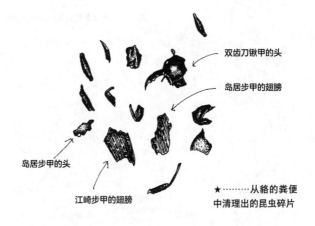

双齿刀锹甲的头

岛居步甲的翅膀

岛居步甲的头

江崎步甲的翅膀

★⋯⋯⋯从貉的粪便
中清理出的昆虫碎片

瓢虫又苦又难吃。但对瓢虫来说，鸟的"试吃"当然不是什么好事，所以它要尽可能地让鸟类通过一次试吃就记住"我们很难吃"（当然，瓢虫是不会有这种思考过程的）。

当然，瓢虫最好是变得让鸟类更容易记住，它那红底黑点的鲜艳外衣，也是对鸟儿们打的"广告"——为了让自己更醒目，更容易被记住。

现在，我们眼前的这只瓢虫就这样对鸟儿打着"广告"。它之所以不会被吃掉，是因为已经有其他瓢虫被鸟吃掉，让鸟明白这种"广告"的意图了。反过来说，如果它自己被鸟吃了，那么其他瓢虫就能平安生存下去。生者的背后一定有死者的身影。

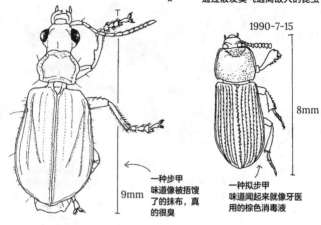

★········通过散发臭气逃离敌人的昆虫

1990-7-15

8mm

一种拟步甲
味道闻起来就像牙医
用的棕色消毒液

9mm

一种步甲
味道像被捂馊
了的抹布，真
的很臭

竟然有像瓢虫的蟑螂

在解剖鸟的尸体时，我只见到过一次已经成为死者的瓢虫。

那是在一种叫乌灰鸫的鸟的胃里，我发现了异色瓢虫的翅膀。顺便一提，那只乌灰鸫是因为撞到建筑物玻璃窗而死的。

这只异色瓢虫的死，或许表明了一只瓢虫的死对于其他瓢虫来说并没有太大的意义，又或是乌灰鸫这种鸟不在乎瓢虫的苦味。说起来，有的鸟甚至喜欢吃蜜蜂这种可怕的虫子。既然产生了疑问，解决它就必须进一步解剖乌灰鸫的尸体。

乌灰鸫（雌）

异色瓢虫的翅膀和头
（放大图）

撞上建筑物玻璃而死的乌灰鸫，
以及从它胃里发现的异色瓢虫

　　话题又一次从蟑螂扯远了。我来解释一下为什么我要就瓢虫啰唆那么多。

　　大概是我上初中的时候，在镇上的图书馆里发现了一本书，书名是《拟态》（W. 维克勒著，平凡社出版）。当时我还不能完全理解其中的内容，但书中的几幅彩色图画却深深吸引了我。我也是在这本书里第一次看到化身成兰花的螳螂。这本书里还有一幅外形和瓢虫一样的蟑螂的图画。

　　这种在菲律宾采集的昆虫名为拟瓢蠊，看起来和瓢虫一模一样，也披着红底黑点的外衣。由于一般的蟑螂给人的那种印象在先，我无论如何也想象不到竟然还有这样的冒牌货。

　　一般来说，蟑螂的身体比瓢虫更细长，但拟瓢蠊改变了翅膀的大小，且翅膀的前半部分和后半部分都将外侧的边缘向内卷曲，使其看起来像圆圆的瓢虫。

另外,《蟑螂三亿年的秘密》也介绍了一种生活在印度的长得很像瓢虫的蟑螂,叫印度多米诺蟑螂。

所以它是长着天使面孔的恶魔吗?

自从读了《拟态》,我就一直希望有一天可以亲眼看看这种样子像瓢虫的蟑螂,但是这个梦想至今还没有实现。现在回想起来,也许正因为了解到了有这种像瓢虫的蟑螂,我才对蟑螂产生了兴趣。

为什么会有长得像瓢虫的蟑螂呢?原因应该很清楚了吧。因为瓢虫很难吃,如果长得像它就不会被作为天敌的鸟类吃掉(据《拟态》一书记载,这种蟑螂主要的天敌似乎是蜥蜴)。

瓢虫有着"幸福的使者"的别称,拥有着天使般的形象。相反,蟑螂则是"恶魔的使者"。那么,长着瓢虫外表的蟑螂就是长着天使面孔的恶魔(?)。

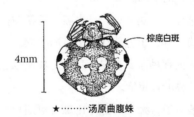

4mm

棕底白斑

★⋯⋯⋯汤原曲腹蛛

这种名称怪异的蜘蛛,白天一直一动不动地躲在树叶背面。把头部藏起来的它,乍一看很像十二斑菌瓢虫,至少我第一次见到这种蜘蛛的时候,完全被它的外表给骗了

但是，恶魔不可能突然变成天使，让我们来思考一下魔鬼变成天使的原理。

我们认为蟑螂"肮脏"，根本不会动想吃它的念头，但对于鸟类和蜥蜴来说并非如此。

稍微换个话题，我之前有过这样的经历：上大学的时候，我对有机农业很感兴趣，因此我经常跑到农户家里去学务农。我常去的那家农户养鸡，所以我也经常帮忙照顾鸡。他们把鸡养在鸡舍里，有一次我去打扫时，把鸡下蛋用的箱子抬起来，发现下面竟然有老鼠筑巢。面对仓皇逃窜的老鼠，鸡是怎么做的呢？没想到，它们竟然凑到一起把老鼠给吃了。

"哇，真厉害啊！"

我不由得叫出声来。对鸡来说，老鼠有时也只不

★⋯⋯⋯哪只是瓢虫？

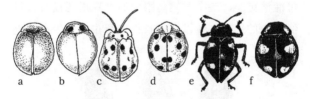

a. 大黄圆叶甲[13]
b. 柯氏素菌瓢虫
c. 马来西亚的一种叶甲

d. 马来西亚的一种瓢虫
e. 背隆伪瓢虫[14]
f. 异色瓢虫

13　学名 *Argopus balyi*。（编注）
14　学名 *Bolbomorphus gibbosus*。（编注）

过是饲料。蟑螂也一样，只要身上没有难吃的成分，对鸟类来说就是很好的食物。

骗过天敌才能活下去

假设蟑螂的敌人是鸟（蜥蜴也可以）。

最初，长得像瓢虫的蟑螂的祖先（以下写作"祖先"）和其他"恶魔"一样，应该也是朴素的色调。就像前面讲竹节虫的雄性和雌性时想到的那样，如果有雄性和雌性的话，其后代的基因会组合产生各种各样的变化。也就是说，"祖先"有了后代之后，他们的后代会有各种各样的变化。

这时鸟登场了。鸟知道了瓢虫很难吃。"祖先"被鸟吃掉了，假设其后代的变种中偶然出现了与瓢虫有些相似的个体，与其他后代相比，它们被鸟吃掉的可能性更小。这个时候鸟眼中的世界里还没有长得像瓢虫的蟑螂，所以只要长得像瓢虫，对生存就更

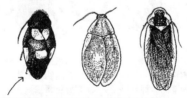

蓝色的翅膀上有红色花纹，外形很漂亮的蟑螂

不同种类的蟑螂，颜色和形态也多种多样
左起：泰国产、尼泊尔产、厄瓜多尔产的蟑螂

有利。

真有这样的事吗？我认为是有的。我没有鸟的眼睛，所以就拿自己的体验来说吧。

上课的时候，虫子进入教室会引起骚乱，但如果进来的是蝴蝶就还好，如果是蜜蜂，场面一下就会失控。

"哇，朝这边来了！"

"啊——！"

课堂乱作一团，我的讲课也只好暂时中断。没办法，我只好抓住那只蜜蜂，把它从教室放出去。

"你不害怕吗？"

学生带着半是尊敬半是疑惑的眼神问道。我确实习惯了被蜜蜂蜇，但那是过去的事了，现在的我并不喜欢被蜇到。

那么，为什么我会把蜜蜂抓住放出去呢？因为进入教室的那只虫子本来就不是蜜蜂。

原来，引起骚动的是一只酷似蜜蜂的苍蝇，苍蝇里也有长得很像可怕的蜜蜂的种类。

欺骗、被骗再欺骗

不管长得多像蜜蜂，苍蝇就是苍蝇，就算我抓住它也不会被蜇。它们之所以变得像蜜蜂，原本是为了欺骗作为天敌的鸟类，但因为我们也觉得"蜜蜂很可

★………苍蝇（食蚜蝇，左）与蜜蜂（右）

画下来能看出来两者还是很不一样的，但是它们在野外飞舞的样子很有迷惑性

怕"，所以同样被骗了。

　　我之所以没被这种苍蝇欺骗，只不过是因为我比学生眼神更好。说白了，就是我见得多，已经熟悉了。不过，这样的我在去冲绳的时候也大叫着"哇！胡蜂！"不敢伸手去抓。定睛一看，那是苍蝇。毕竟我也没怎么见过冲绳的苍蝇。

　　"可恶……"

12mm

★………短额巴蚜蝇

体形细长，与体形短粗的普通苍蝇不同，腹部像蜜蜂

虽然在学生面前帅气地抓住了像蜜蜂的苍蝇，但碰到这种没怎么见过的苍蝇，我也一样一下就上当了。幸好在冲绳那次周围没有学生，我的自尊心才得以保全（?）。

我认为这种体验也存在于鸟和"祖先"之间。一开始，有些蟑螂因为长得有点像瓢虫而骗过了鸟。但是，它们的成功意味着没骗过鸟的蟑螂被吃掉了，等剩下的都是"有点像瓢虫的蟑螂"，鸟就会熟悉它们的伪装。

但是，所谓的熟悉也是从"有点像的家伙"中识别出那些"不太像的家伙"并吃掉。拿我自己来说，就算已经看惯了当地的苍蝇，却还是被冲绳的苍蝇骗

6mm

★⋯⋯⋯蚁蛛

很多蜘蛛或其他昆虫都会拟态成蚂蚁

了，鸟也是这样。这样一来，"有点像的家伙"中只有"更像的家伙"幸存下来，于是剩下的都是"更像的家伙"了。但是，鸟也会熟悉这样的伪装……这么说下去就没完没了了。

最后，在这样的循环中，"恶魔形态"的"祖先"变成了"天使面孔"的瓢虫形螳螂。

鸟和"祖先"的猫鼠游戏造就了这种进化。

进化就是你追我赶

在冲绳被苍蝇骗到以后，我下定了决心——"以后绝对不会再被骗到了！"

但是去亚马孙的时候，我还是被骗到了。就算在

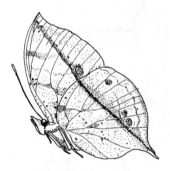

★………枯叶蛱蝶（中国台湾产）

把自己伪装成枯叶的蝴蝶，翅膀背面看起来和树叶一模一样

亚马孙看习惯了像蜜蜂的苍蝇，以后去非洲大概又会被当地的昆虫骗到，简直没完没了。

瓢虫型蟑螂是在鸟和蟑螂的猫鼠游戏中慢慢进化而来的。看着瓢虫型蟑螂的照片，我不由得感慨："真的太像了！"

我们没有亲眼见证它们诞生的过程，这种震惊的感受便更加强烈。

"螳蛉居然能这么淡定地碰动物尸体！"

"螳蛉很会画画。"

学生们这样夸赞我也是一样的道理。我开始用心画生物画是从初三开始的，我的绘画水平远不如这些与当年的我同龄的学生，不管是发现象鼻虫没有翅膀的五十岚，还是在三宅岛发现竹节虫的石井。现在的我只不过是比他们画得更久而已。

动物尸体同理。就像前面提到的，我并不是一上

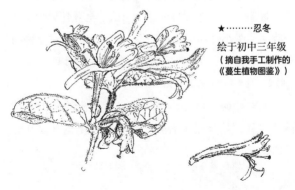

★⋯⋯⋯忍冬

绘于初中三年级
（摘自我手工制作的
《蔓生植物图鉴》）

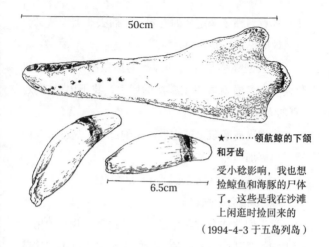

50cm

★‥‥‥‥领航鲸的下颌
和牙齿

受小稔影响，我也想
捡鲸鱼和海豚的尸体
了。这些是我在沙滩
上闲逛时捡回来的

（1994-4-3 于五岛列岛）

6.5cm

来就敢碰的，首先要让自己逐渐适应：一开始，我只
是尝试着把尸体画下来。慢慢适应了一些后，才开
始把尸体捡回来，对它们越来越熟悉以后，再试着
解剖……

　　关于小稔和我的关系，就是我教解剖→小稔组装
全身骨骼→我画骨头的速写→小稔给全身骨架画速写
→我关注听小骨和进化的关系→小稔研究各种动物的
耳骨……我们就是这种你追我赶的关系（小稔再进化下
去的话，我也要担心自己追不上他了）。

　　无论如何，自己为了实现目标付出的努力和试
错的过程，外人很难看到。生物的进化也是同样的
道理。

不敢碰活物？不如捡尸体吧

大家是不是多少明白了为什么我会对一般人"不感兴趣""和自己无关"，甚至觉得"恶心"的虫子产生兴趣呢？如果抱着这种心态去看待虫子，一定会对它们产生兴趣、关心等感情。

关于观察虫子，我最后再补充一点。

有人说，不敢摸正在动的虫子；还有人说，为了采集昆虫而杀死它太残忍了。我想推荐给他们（？）一个方法——很简单，就是去捡虫子的尸体。什么？这样反而让人觉得更"恶心"了？

如果我们还是像过去那样从尸体上看不出什么东西，那么虫子的尸体确实只会让人觉得恶心。因此，针对捡到虫子尸体后"能看到什么"，我想从其他角度再补充一个简单的方法，不需要捕虫网，也不需要杀虫剂，更没有"杀死"虫子的罪恶感。

★·········真树在韩国捡到的蟑螂

她说在塔谷公园看到了好多
死蟑螂
1994-5-7

先在自己家里试试吧——写到这里，我忍不住探出头看了看我家很久没有打扫的阳台（位于五楼）。花盆后面、排水口附近遍布着虫子的残骸。

12月23日，我在阳台发现的虫子里还有15只活着，它们都是来过冬的，其他的则是夏天时撞到屋里的灯上死掉的，以及为了来过冬而死在屋里的虫子的尸体。我一共发现了：褐菱猎蝽1只、茶翅蝽3只、斯氏珀蝽1只、短角椎天牛5只、小青花金龟1只、斑喙丽金龟1只、七星瓢虫1只、异色瓢虫11只、某种叩头虫1只、某种蟋蟀1只、近胡蜂1只……都是我家附近常见的虫子。

其中，短角椎天牛是最常撞到灯上的，褐菱猎蝽、茶翅蝽和异色瓢虫则是越冬昆虫的代表。仅凭这些，就能大致看出自己家的周围都有什么样的虫子。另外，即使是野外的虫子，也会在不经意间造访我家。

只要上街走走就能捡到

接下来去外面看看吧。捡尸体最简单的方式，就是在路上边走边捡，特别是路边的水沟，经常能看到掉下去摔死的虫子。我给大家举几个例子——

例一，北海道网走市的水沟（约200米）。粪金龟22只、某种步甲2只、斑股锹甲2只、双齿刀锹甲4

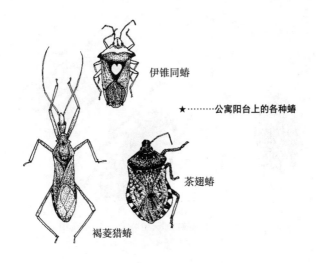

伊锥同蝽

★………公寓阳台上的各种蝽

茶翅蝽

褐菱猎蝽

只、日本真葬甲多只。此外还有一些红萤和肥蟆。

　　例二，冲绳本岛，通往山原与那霸岳的林间道路，路上和侧沟（约4千米）。冲绳扁锹甲1只、冲绳虎甲1只、中华晓扁犀金龟1只、墨绿彩丽金龟2只、某种墨伪邻烁甲1只、蝼蛄1只、某种蚱蜢2只、琉球木蠊2只、蚯蚓多条。此外，还发现了渡濑麝鼩1只、剑尾蝶蠮93只、蛇4条、琉球攀蜥1只、某种青蛙6只……

　　例三，八丈岛，从底土到市中心。东方水蠊11只、黑胸大蠊2只、棘竹节虫1只、凸星花金龟1只、黑鳃金龟1只、马拉白星天牛1只、棕花金龟奄美亚种2只，此外还发现了1只日本林蛙、2只黄鼠狼、1具麻

　　　　　　　　　Chapter 03 不讨喜生物的奇妙生态

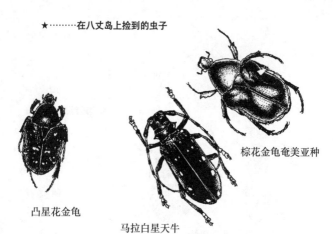

棕花金龟奄美亚种

凸星花金龟

马拉白星天牛

雀的尸体。

例四,八丈岛,底土一登龙峠一住吉。八丈岛锹甲10只、沟纹眼锹甲2只、棕花金龟奄美亚种多只。

例五,三宅岛三池一阿古间。中华晓扁犀金龟1只、单齿刀锹甲14只、日本锹甲7只、斑股锹甲1只、凸星花金龟1只、松瘤象虫1只、桑脊虎天牛1只、马拉白星天牛2只、某种墨伪邻烁甲3只、日本真葬甲1只、木蜂1只、土蜂1只、切叶蜂1只、大水青蛾1只、东方水蠊1只、棘竹节虫1只。此外,还有1只乌鸦和1具鼬的尸体。

怎么样?在不同的地方发现的动物尸体也有所不同对吧?不过,除了北海道,其他四例都是和学生在一起时记录的。尸体还是得大家一起捡才更有趣。

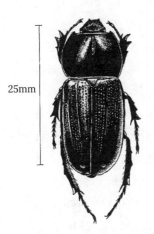

★⋯⋯⋯⋯中华晓扁犀
金龟

在三宅岛捡到的。
在饭能市一次都没
见过，但在三宅岛，
只要上街走走，经
常能见到这种虫子
的尸体

　　重新动笔整理了一番后，我不由得再次感叹，果
然只要上街走走就能碰到尸体啊。

它们是旅行胜地的自然向导

　　在冲绳的山原里，有大量（多达93只）的剑尾蝾螈
掉进路边侧沟里干死了。我和学生们一起找到了那些
还没死的，把它们重新放归树林里（尸体有93具，但还
活着的只有11只了）。

　　剑尾蝾螈是奄美、冲绳的特有品种，只能在这座
岛上看到。这么珍贵的生物竟然掉进路旁的沟里死
了，一想到此，我们也无法单纯地为捡到尸体而高
兴。对小动物来说，这些沟壑是无法跨越的障碍。我

在寻找尸体的过程中第一次切身感受到这点。

　　来回顾一下我在三宅岛和八丈岛捡尸体的记录吧。这两次捡到的尸体以锹甲居多，但是，三宅岛上最常见的单齿刀锹甲在八丈岛上却完全看不到。八丈岛也有单齿刀锹甲，但数量很少。在我家附近，最常见的也是单齿刀锹甲。既然它们也会在八丈岛栖息，为什么数量却那么少呢？我很想知道为什么在八丈岛捡不到它们的尸体。

　　再看例三的八丈岛，这里记录的10种生物中，黑胸大蠊、棘竹节虫、棕花金龟奄美亚种、日本林蛙、鼬这五种生物都是人类引进的。从八丈岛再往南走，在小笠原的路上看到的情况更加极端。在父岛的小凑—扇浦之间大约3公里的路上，我们看到了130具

★⋯⋯⋯冲绳本岛 前往与那霸岳的林间道路上

某种麝鼩的干尸

1989-6-7

剑尾蝾螈的干尸

同样是外来物种的海蟾蜍的尸体。也就是说，外来物种在岛屿这样的地方很容易生存，从我们捡尸体的情况也能得出这样的结论。

这些捡尸体的例子都发生在旅行胜地。也就是说，去旅行时，了解当地生物最快捷的方法就是捡动物尸体。对于第一次踏足的土地，我们连什么样的生物会喜欢这里都一无所知。

这时，路边的动物尸体就成了当地的"自然向导"。

捡尸体会给旅途带来加倍的快乐。

让每一天都变得生动、快乐、有趣

旅行很有趣。脱离日常生活，接触新鲜事物会让人兴奋不已。

我特别喜欢在旅行时与当地的生物相遇。所以，每次放假我都会去冲绳、北海道，甚至海外旅行。

旅行时遇到稀有的生物我会很兴奋。但是，渐渐地，我明白了不是只有去其他地方旅行才有趣。去冲绳会发现只有冲绳才有的生物，的确，发现稀有的生物很有趣。不过，它到底有趣在哪里？

归根结底，如果没有参照系，就无法体会到其中的乐趣。如果想感受冲绳生物的有趣之处，就必须了解自家附近的生物，把它们作为比较的对象。然后，

　　　　　　Chapter 03 不讨喜生物的奇妙生态

★………死在路上的海蟾蜍，是从美国迁入小笠原的

（父岛）

我发现了我家周围有而冲绳却没有的生物。

我家附近的枹栎和麻栎树林，以及住在里面的虫子，在冲绳很少见。去世界各地走走很有趣。不过，我们熟悉的这片自然也同样有趣。

"上课真无聊，要是每天都有什么活动就好了……"

一到运动会或学园祭，学生们就变得活泼起来。他们说，与这些活动相比，日常生活很无聊。但是，如果每天都有活动会怎么样呢？

我认为日常生活和活动都很有趣，但就像冲绳有冲绳才有的虫子，饭能有饭能才有的虫子一样，有趣的内容是不一样的。"要成为觉得上课也有趣的人啊！"我在心里暗自对学生们说。

枹栎

麻栎

★········在洞窟里找蝙蝠的骨头

这种事试试就
会发现它意外
地有趣

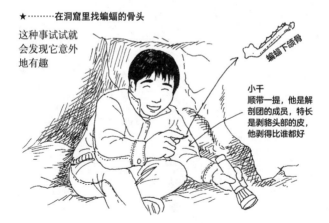

蝙蝠下颌骨

小干
顺带一提，他是解
剖团的成员，特长
是剥貉头部的皮，
他剥得比谁都好

Chapter 03 不讨喜生物的奇妙生态

"高中是进入大学的准备阶段。"

不不不，高中本身应该充满乐趣，而且也只有高中生才能做到。

对我来说，即使是动物尸体也让我觉得充满乐趣，虫子也充满了乐趣，哪怕是虫子的尸体，也让我乐在其中。

Chapter
04
怪人的
快乐世界

人类尸体就饶了我吧!

我到街上闲逛。

"哟!"

"啊!您好!"

在路上遇到了著名的鸟类画家冈崎立。

"您要去哪儿?"

"啊,我在找一种叫农吉利的植物。"

反正也没有什么要紧的事,我决定换个方向,和冈崎先生一起去找农吉利。冈崎先生也和我一样住在饭能。他不仅会画鸟,还拥有环志(给鸟戴上脚环,进行追踪研究)的资格,也进行鸟类调查。

"前段时间,我可真是无语了。"

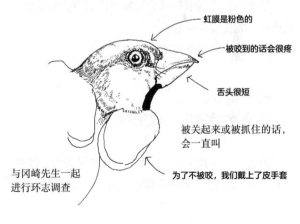

虹膜是粉色的

被咬到的话会很疼

舌头很短

被关起来或被抓住的话,会一直叫

与冈崎先生一起进行环志调查

为了不被咬,我们戴上了皮手套

1993-12-25

在路上，冈崎先生和我讲起了最近发生的事：他在自家附近的树林里看到了奇怪的东西，仔细一看，原来是一具几乎化为白骨的人类尸体。

"盛口先生不是很喜欢尸体吗？我正想打电话问你要不要来看看呢。你应该会想画下来吧？"

冈崎先生打趣道。

"饶了我吧，人类不行啊。"

"哎，果然人类还是不行啊！"

他的语气让人听不出是真心还是玩笑。唉，让别人知道自己喜欢尸体这件事，也是有好有坏啊。

之后的某一天，冈崎先生邀请我来看给鸟环志。我很高兴，决定去看看。这是一项对在某学校校舍集体筑巢的毛脚燕的调查。

校舍的墙上挂着好几个毛脚燕的泥巢。要想给鸟戴脚环，首先要抓住它。

而毛脚燕居然是用捕虫网抓。

就算是我，
也喜欢看活生生的生物

虽说可以用捕虫网，但要抓住飞来飞去的毛脚燕，只有佐佐木小次郎[1]才办得到吧。如果毛脚燕飞进了泥

1　日本战国后期的著名剑客。（编注）

巢，我们就用捕虫网罩住泥巢的洞口，等它飞出来。

这样写出来看着好像很简单，但这个对手可不好对付，我们都不知道它什么时候会出来。而且，如果不在它落网的一瞬间马上抓住，它就会迅速逃脱。后来，连我也被派去抓鸟，但我接连失败，一只都没抓住。

抓住毛脚燕以后，把它轻轻地握在手里，分辨是雄鸟还是雌鸟，是幼鸟还是成鸟，然后给它戴上脚环。虽然在我看来它们长得都一样，但观鸟专家能通过眼睛的颜色和羽毛的样子看出区别。

在把戴上脚环的毛脚燕放回天空之前，我也试着把小鸟握在手里感受了一下。现在我的手里有一只活

★⋯⋯⋯为了给毛脚燕环志，拿着捕虫网抓鸟的美雪

我没能抓到，她成功抓到了⋯⋯

1993-6-6

校舍

毛脚燕的粪便

的毛脚燕，我的手掌能感受到温热的暖意，仿佛还能感受到它心脏的跳动。它和我之前见过的动物尸体完全不一样，尤其是眼睛。原来是这种颜色啊，我不禁看呆了。

虽说尸体很有趣，但也有很多事情只有在生物活着的时候才能了解。活着的小鸟就在我手中，这种惊讶是捡多少尸体都无法获得的。就算是我，也很喜欢看活生生的生物。

"抓毛脚燕的时候要小心，它身上有蜱螨，而且个头儿还不小呢。"

在环志之前，冈崎先生提醒我。

"就是这个，就是这个！"

冈崎先生抓住毛脚燕，寄生虫在他的手臂上窸窸窣窣地跑来跑去。真是有趣的家伙，我立刻用胶卷盒

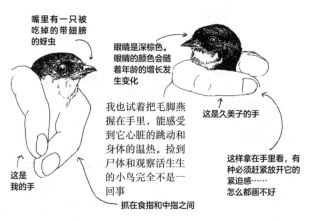

嘴里有一只被吃掉的带翅膀的蚜虫

眼睛是深棕色。眼睛的颜色会随着年龄的增长发生变化

我也试着把毛脚燕握在手里，能感受到它心脏的跳动和身体的温热。捡到尸体和观察活生生的小鸟完全不是一回事

↑ 这是久美子的手

↑ 这是我的手

抓在食指和中指之间

这样拿在手里看，有种必须赶紧放开它的紧迫感……怎么都画不好

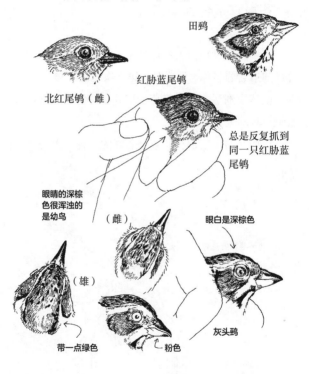

★⋯⋯⋯环志时的速写

1993-11-23

绘于我家附近休耕田的芦苇塘

田鹀

红胁蓝尾鸲

北红尾鸲（雌）

总是反复抓到
同一只红胁蓝
尾鸲

眼睛的深棕
色很浑浊的
是幼鸟

（雌）

眼白是深棕色

（雄）

带一点绿色

粉色

灰头鹀

Chapter 04 怪人的快乐世界

把它抓住了。

"这不是蜱螨，是虱蝇！"

我看后发出了开心的呐喊。多年以来一直想看的虫子现在就在眼前！

苍蝇真是各种各样

寄生在毛脚燕身上的这种虫子，是虱蝇。之前一直只知道它的名称，这次是我第一次见到实物。

虽然摸到活着的毛脚燕也很开心，但能发现这种虱蝇，真的太让我惊喜了。

正如它的名字那样，它是苍蝇的一种，但是身体

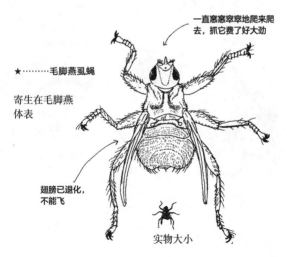

一直窸窸窣窣地爬来爬去，抓它费了好大劲

★⋯⋯毛脚燕虱蝇

寄生在毛脚燕体表

翅膀已退化，不能飞

实物大小

只有半截，脚向身体侧面伸出，像蜘蛛的腿。而且最重要的是，用来飞的翅膀已经退化成棒状，飞不起来了。它们寄生在鸟的体表，经过长年累月变成了现在的形态。它在人的手臂上窸窸窣窣跑来跑去的样子，确实像冈崎先生说的那样，有点像蜱螨。

苍蝇和蟑螂一样，也很招人讨厌。大家都觉得苍蝇"脏""很吵"，没有什么好印象。但是，就像蟑螂里有瓢虫形蟑螂和药用蟑螂一样，在苍蝇中也有奇怪的种类：有模仿蜜蜂的样子欺骗学生的，也有像虱子一样丢掉翅膀"变成蜱螨"的。

以前还有另一种我一直都知道名字，但没见过实物的苍蝇，叫螳水蝇。我在书上读到水边会出现这种

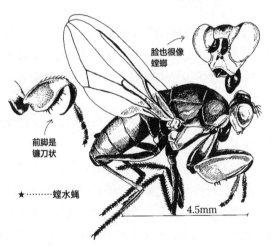

脸也很像螳螂

前脚是镰刀状

★⋯⋯⋯螳水蝇

4.5mm

苍蝇以后，每次走到水边都很留意，可是怎么也找不到。连我自己都不知道那是什么样的虫子。

我任教的学校里有学生挖的池塘。有一天，我在池塘周围闲逛时看到了那种苍蝇。它趴在池塘的水面上，让我一下灵光乍现般想到了什么。与之纠缠了三十分钟，终于，我抓住了那家伙。仔细一看，它的前脚确实呈镰刀状，是螳水蝇，万岁！

如果说虱蝇是变成螨虫或虱子状的苍蝇，那么这个螳水蝇就是变成螳螂的苍蝇。我仔细看了看，它连脸都长得有点像螳螂。

苍蝇也是什么样的都有呢。

学生也是各种各样

什么样的苍蝇都有。毕竟昆虫有九十万种，其中当然会有一些奇怪的家伙。不过，从苍蝇这个物种的范围来看，更能让人切实感受到"什么样的都有"这个事实。

其实，学生也是一样，各种各样的人都有。我来举一个最近让我深有体会的例子。

我以高三学生为对象开设了选修课"饭能市的自然"，不是晴耕雨读，而是"晴观雨解剖"（？）的课程——春天追着貉踩出的小路进山，夏天在土拨鼠的巢穴前蹲守土拨鼠，秋天捡橡子调查树林，下雨时做

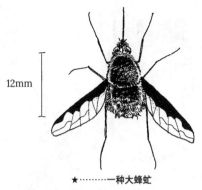

★⋯⋯⋯一种大蜂虻

这种毛茸茸的苍蝇春天会在花丛中高速飞行和悬停，是我在没有捕虫网的少年时代，因为抓不到而一直心怀向往的虫子

解剖。我和搭档安田一起，天天带着四十多名学生在外面跑来跑去。

进入十二月，三年级的课程快要结束了，我开始让他们分小组进行自由研究。那么，都有什么样的小组呢？

人气最高的是鼯鼠小组。果然，去看活生生的动物非常吸引人。此外，他们还成立了貉小组、越冬动物观察小组、生存烹饪小组、解剖小组、爬树小组等。最后那个爬树小组，是一个以爬到树上发现鸟巢为主要目的（？）的奇怪小组。

这是某一天的研究场景：我带着鼯鼠小组去找那个喜欢动物的古董店老板，听老板讲了一大堆鼯鼠的故事后，终于要见到他养的鼯鼠了。

　　　　　　　　　　　　Chapter 04 怪人的快乐世界

貘小组在废弃房屋的地板下面，发现了像是貘巢穴的东西

"这是本宅……这是second house。"

听了老板的说明以后，学生们激动地喊道："哇，是英文字母！"

"出来了，出来了，眼睛好大！"

"好大个儿啊！"

果然，活着的鼯鼠很受欢迎。

太棒了，被鼯鼠咬了（？）

"只要不吓它，它很快就会和人亲近的。"

听了旧货店老板的话，大家都安静下来了。鼯鼠像是在说这是怎么回事，想坐到学生的膝盖上，学生吓了一跳，老板赶快安抚道："没事，没事。"

★⋯⋯⋯附近的旧货店"木户屋"饲养的鼯鼠幼崽

旧货店的阁楼上还住着野生的鼯鼠

结果，小典的脸被这只鼯鼠抓了一下，还被轻轻地咬了一下。

"小典，太棒了，被鼯鼠咬这种事，一辈子都不会再有啦。"

"疼死了！要是不疼的话，被它咬咬倒也没关系。"

"你看你看，小典的脸上还有牙印呢。"

"拍张照吧，快拍张照。"

没人在意小典的不幸遭遇。

带着小典他们回学校以后，我发现剩下的小组正煞有介事（？）地做着什么。

正在桌子上炸东西的是生存烹饪组的人，他们炸的是用天南星的块茎捣成的泥。

天南星是一种芋头，含有一种叫草酸钙的毒素。不过，这个芋头看起来的确很好吃。我不禁想，绳文

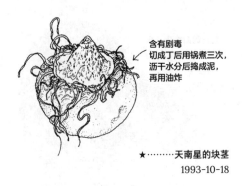

含有剧毒
切成丁后用锅煮三次，
沥干水分后捣成泥，
再用油炸

★………天南星的块茎
1993-10-18

人不是会吃这种东西吗？但是，必须把毒素取出，不然它会让吃了的人嘴巴肿起来。

　　据说，在八丈岛，人们曾经会把它的同类——御藏南星的块茎，煮制以后用臼和杵捣碎以去除毒素。这样做出来的芋头糕被称为"边五糕[2]"。既然在八丈岛上能吃，在饭能市应该也能吃。

　　安田老师负责带这个小组。

　　"完全能吃啊，而且还挺好吃的。"

　　"啊？真的吗？"

　　听说芋头含有强烈的毒性以后，我在炸好的东西面前退缩了。

　　"真的真的。煮了三次以后，已经完全没有刺激性了。煮成糊状以后，再用油炸。"

　　听了他的话，我半信半疑地试着尝了一口。原来

_____

2　原文"ヘンゴモチ"。

★·········御藏南星

结了果实的样子

1986-7-23八丈岛

如此，的确很好吃。

"不过，吃了5个以后，嘴里果然还是会觉得有点刺刺的。"

也有人这么说。果然，毒性还是无法完全去除。在给芋头剥皮的时候手会很痒，这种成分就源于它的毒素。不过即使多吃一些，它也只是让人觉得不舒服，不会致死。

"本来想阻止的，结果荒木直接吃进嘴里了。"生存烹饪小组里有人这样跟我说。

荒木就是前面提到的那个赤手空拳捋貉肠子的猛士。据说荒木还试吃了脱毒前的芋头。

"啊，他没事吧？"

★·········枯萎的天南星果实

新鲜的时候是鲜红色的玉米状，非常显眼。经常有学生问我"这是什么？"

我慌忙环顾四周。荒木正呆呆地站着，和平时不太一样。

"你没事吧？"

"喔咦哦唔……"

哎呀呀，只能张嘴但说不出话来。

"看到荒木都没精神了，大家都被这芋头给吓了一跳。"安田为我解说道。

荒木第二天就能正常说话了，但直到两天后，他吃东西的时候嘴巴还会疼。所以还是不能小看天南星的毒性。

尸体挖掘现场的录像

"我找到青蛙了，太感动了！还有蚯蚓和鼠妇。"

越冬动物观察小组的小圆一行人在土里挖到了越冬的日本林蛙，非常满足，把它带回了教室。

另一边，貉小组追踪着貉踩出的小道。而且，今天他们还给我看了记录上周活动的录像。上周，在得到有貉被埋在河滩上的消息后，宏子一行人前往河滩挖掘尸体。今天，我看到了记录他们挖掘工作的录像。

"你看，这是花。"

"对对。从这个时候开始，我就觉得很奇怪了。"

我听到了这样奇怪的对话。

据说在挖貉的尸体时，大家发现那里供奉着花，

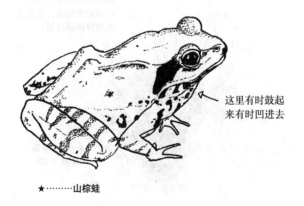

这里有时鼓起来有时凹进去

★⋯⋯⋯山棕蛙

而且尸体旁边还放着橡皮球和布娃娃。

"这就奇怪了。"

正如宏子他们所料，那不是貉，而是木乃伊化的家养猫的尸体。

"感觉像在盗墓……"

"感觉我们做了很不好的事。"

上周，大家一脸落寞地回到了教室。我现在终于通过录像看到了当时的情况。

爬树小组到上周为止还很顺利地找到了鸟巢，这次陷入了低谷。

"嗯，虽然爬上了树，但什么都没有。"

"那棵树倒是很不错。"

解剖小组因为主要成员缺席，今天休息。

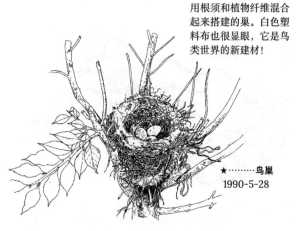

用根须和植物纤维混合起来搭建的巢。白色塑料布也很显眼，它是鸟类世界的新建材！

★………鸟巢
1990-5-28

被鼯鼠咬伤的小典、被有毒的芋头伤到嘴的荒木、挖到青蛙兴高采烈的小圆、掘了小猫坟墓的宏子、因为没找到鸟巢而懊恼的友道……

即使上同样的课程，如果让他们自由组队，就会发现学生们的个性竟然这么丰富多彩。

通常，待在人群中时，我们只会觉得"好多人啊"，却很少能感觉到"存在着各种各样的人"。而当我们发现即使一起做同一件事，大家的方式也各不相同时，我们才感觉到"存在着各种各样的人"。

拿我自己来说，我与自己负责的班级里的学生对话，和在一般的课堂上对着很多学生说话，情况差异很大。如果我看到的范围太大，就很难看清每个人。相反，越是了解对方，就越能实在地感受到"存在着

喜欢自行车旅行的小原，在澳大利亚独自旅行时捡回来的虫子

我烤了毛毛虫哦～

★⋯⋯⋯小原
（吃樱花树上的毛毛虫的男人）

因为加入了人力飞机部，要制作机体，他每天都穿着工装

各种各样的人"。或许这就是发现差异的前提吧。

让我们再次试着从苍蝇出发来思考，在众多昆虫中试着聚焦于苍蝇这一种昆虫去研究，然后试着把螳水蝇和虱蝇拿在手里观察，这时我们才会深切地感受到"存在着各种各样的虫子"。

其实人人都是怪人

生物学用"多样性"一词形容"存在着各种各样的生物"。

看着学生们，我深切地感受到人类是具有多样性的生物。我第一次切身体会到这件事是在大学三年级

★⋯⋯⋯安田老师

（从地球科学专家变成了生物宅？）
本来是地球科学老师，但因为他认真的性格，最近上的生物课也越来越多了。对于热衷的东西非常投入

蛞蝓交尾

和对机械一窍不通，完全不会操作相机的我不同，安田老师非常擅长使用相机

用在学校里拍摄的照片，制作自然板报

的时候。因为喜欢生物，我进了生物科。虽然生物科的同学只有二十个人左右，但他们的面孔各不相同。

M留着胡子，不停地给女孩子拍照。他特别喜欢小个子的女孩（不过他本人坚持说自己不是萝莉控），而且非常讨厌解剖，是个个性温柔的家伙。T是一个骑着"七半[3]"到处跑，看起来像黑帮老大一样的男人，但他画那种精密的速写画得最好。K是一个体育、音乐样样精通的植物专家，很受欢迎。N是鱼宅，对鱼无所不知，但喝了酒之后，有时会变得很狂暴（?）。A是比我高两届的前辈，因为留级才成了我的同学，是个喜欢青蛙的登山迷。F也是因为留级成了我的同学，是个厨艺堪比专业厨师，热爱大海的男人。我不由得感慨，大家都喜欢生物，为什么会有这么大的不同呢。

大学一、二年级的时候，因为这样的差异，大家都觉得相处很别扭。但到了三年级，大家都开始觉得彼此的差异很有趣。

"那家伙很奇怪，所以很有趣。"

这是那一时期的关键词。与此同时，我也渐渐开始觉得自己是个怪人又有什么关系。

在那之前，我一直勉强自己和别人保持"相同"。初中、高中的时候，我尽量在人前压抑自己喜欢生物的热情，伪装成一个"普通人"。

3　日本摩托车术语，指排气量750毫升的大型摩托。

但回过神来才发现，我想象中的"普通人"其实并不存在。不管是谁，只要脱下那层表面的伪装，其实都有自己的奇怪之处。这个发现对我意义重大。

正因多样性才有趣

我认为，能否从生物的多样性中感受到乐趣相当重要。至少我自己喜欢生物的原因，很大程度上就是每种生物都不一样，去比较它们的不同很有趣。

以前，我会把昆虫摆放在标本箱里，或者把贝壳捡回来摆放在箱子里，因为发现相邻摆放的昆虫和贝壳之间的微妙差异会让我兴奋不已。现在我的房间里堆满了垃圾，基本上也是出于同样的原因。

就算是听小骨这个身体上非常微小的部位，虽然

★………各种竹节虫的卵

  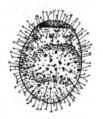

安松小异竹节虫[4]　　日本皮竹节虫　　莫氏瘤竹节虫

4　学名 *Micadina yasumatsui*。（编注）

在牛、猪、狐狸的身上相似，但也各有不同。没错，这就是多样性。

竹节虫的形状都很相似，但各种竹节虫的卵并不相同。这些卵上有它们做的隐秘的装饰，从细微之处也可以看出多样性。

蟑螂同理，52种蟑螂，各有不同。日本没有瓢虫形的蟑螂，但西表岛有一种叫纯蓝真鳖蠊的蟑螂，翅膀会发出蓝色的光，样子很美丽。现在我在房间里养的是一种生活在朽木中的蟑螂，名叫拟大弯翅蠊。蟑螂给人以杂食的印象，但这种拟大弯翅蠊靠吃木屑生活。在我的房间里，我喂给它的食物是松树的枯木。蟑螂也是，越了解越能让人见识到它的多样性。如果

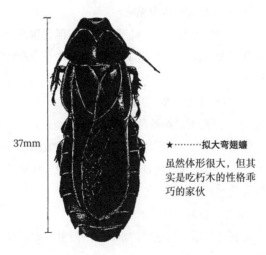

37mm

★⋯⋯⋯**拟大弯翅蠊**

虽然体形很大，但其实是吃朽木的性格乖巧的家伙

可能的话，全世界一共约3000种蟑螂，我都想看看。

　　我在这本书的开头提到新兴住宅区令我感到不适，除了前面提过的原因，还因为它们让人无法感受到我所说的多样性。虽然对住在里面的人来说有些过意不去，但看到整齐划一的相似的房屋排列在一起的光景，我陡然升起一种不适感。同样，人们一窝蜂追求流行事物的样子，还有穿着制服游行的人们，都让我感觉很不适。大家说同样的话也让人觉得很不舒服。我认为，每个人都是不同的，而且，我认为这件事非常重要。

四叶草其实也很奇怪

　　"这是新品种？很少见吧？"

　　高一的学生采来了三叶草的叶子，但它和普通的三叶草不太一样。在叶子的末端，有一块小小的叶状凸起。

　　"虽然不是新品种，但的确很有趣。"

　　"不，这绝对是新品种。"

　　他毫不退缩，坚定地说。但是，它其实就是三叶草的变形。虽然偶尔可以看到四片叶子的三叶草，不过说实话，我还是第一次见到这种变形。

　　"你看，这是一片叶子的三叶草。"

　　还有学生带来过这样的东西——三叶草的三片叶

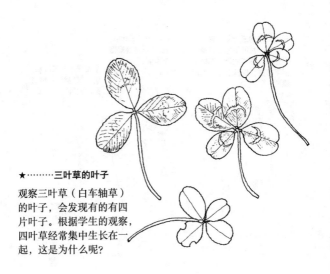

★⋯⋯⋯三叶草的叶子

观察三叶草（白车轴草）的叶子，会发现有的有四片叶子。根据学生的观察，四叶草经常集中生长在一起，这是为什么呢?

子只长出来一片。

"不是被人撕掉的哦，那样会留下痕迹，这株上没有那种痕迹。"

正如她所说，它本来就只有一片叶子。

"找到八片叶子的了！"

"感觉会变得不幸。"

虽说四叶草能带来幸运，但长着八片叶子的三叶草确实会让人有点毛骨悚然。

说起来，我还不知道四叶草是怎么从一般的三叶草中产生的。三叶草的那三片叶子其实都是一片叶子，三叶或四叶中的每一片叶子，其实都是一片大叶里的小叶。四叶草的出现是因为小叶的生长发生了异

245   Chapter 04 怪人的快乐世界

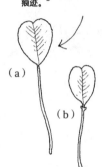

学生带来的三叶草，说："这是一片叶子的三叶草。不是被人撕掉的哦，那样会留下痕迹，这株上没有那种痕迹。"

（a）

（b）

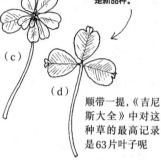

学生们带来了八片叶子的三叶草，说："感觉会变得不幸呢。"

学生带来的三叶草，说："新品种！绝对是新品种。"

（c）

（d）

顺带一提，《吉尼斯大全》中对这种草的最高记录是63片叶子呢

常吗？但是，为什么会发生这种情况呢？根据学生的说法，"在同一个地方会发现一大堆四叶草"。那么是因为植株的不同，有容易出现四叶草的，也有不容易出现四叶草的吗？

总之，四叶草（有时还会是一叶或八叶）作为"奇怪的东西"混在三叶草这种"普通的叶子"中，才会被学生发现并带过来。

巨大的蒲公英妖怪

学生们将四片叶子和一片叶子的三叶草作为日常中的"怪事"报告给我。鸟兽的尸体也因为是日常中

的异常、异质，即日常中的"怪事"，被学生们带来我这里。但不会有人把昆虫拿到我这儿来，虫子的存在方式本身就和我们不同，所有虫子都是"怪事"，但强烈感觉到这种异质的人不会进一步靠近它。此外，也有很多人因为几乎不在意而看不出它的"怪"。

这个世界上有很多"怪事"，很多是学生们注意到后告诉我的。关于生物，我比学生们稍微了解得多一些。但是，也有很多因为我觉得自己已经了解了很多，所以没能注意到的"怪事"。

在五十岚告诉我塔形癫象的翅膀张不开这个"怪事"之前，我都没有注意到。从这个意义上说，即使是非常普通的"自以为了解"的生物，仔细观察的话也会发现"怪事"。此时此刻最有代表性的例子就是

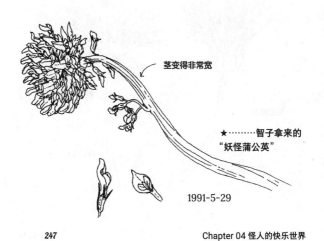

茎变得非常宽

★………智子拿来的
"妖怪蒲公英"

1991-5-29

蒲公英。

大家都非常熟悉蒲公英，谁都见过，对它们也很有亲近感。从这个意义上来说，它并不是什么有趣的素材。学生们经常采它的花来编花环，这大概就是对待花草的普通方式，也就是所谓的亲近花草的文化吧。顺便一提，每年春天，我的例行活动（?）是把蒲公英的花做成天妇罗给学生们吃，如今大概也可以称之为食花文化。

但是，在我们学校确实存在另一种"蒲公英文化"，就是所谓的"妖怪蒲公英文化"。

所谓"妖怪蒲公英"，是指花茎和头状花序（普通的蒲公英的花）同时巨大化的蒲公英，看起来像妖怪。

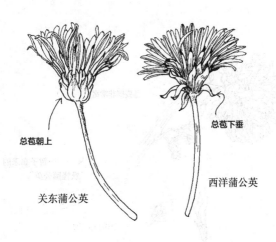

总苞朝上

总苞下垂

关东蒲公英

西洋蒲公英

在学校附近发现了妖怪

妖怪蒲公英就是花茎和头状花序都巨大化的畸形蒲公英。

众所周知，蒲公英有日本本土的品种和外国传入的外来品种。在我们学校附近，有关东蒲公英[5]和西洋蒲公英两种。

正常情况下，顶着头状花序的花茎一般最多只有几毫米粗。但是，妖怪蒲公英的花茎粗细是以厘米为单位的。迄今为止我见过的最粗的花茎有11厘米，我偷偷给这家伙起了个名字，叫"蒲公英墙"。

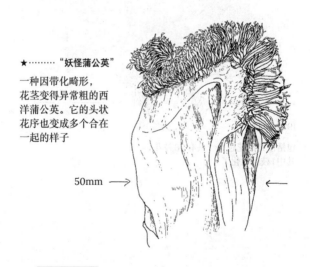

★………"妖怪蒲公英"

一种因带化畸形，花茎变得异常粗的西洋蒲公英。它的头状花序也变成多个合在一起的样子

50mm ⟶

5　即宽果蒲公英，学名 *Taraxacum platycarpum*。（编注）

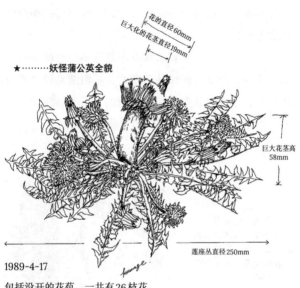

花的直径60mm

巨大化的花茎直径19mm

★‥‥‥‥妖怪蒲公英全貌

巨大花茎高 58mm

莲座丛直径250mm

1989-4-17

包括没开的花苞，一共有26枝花，
其中1枝巨大化了

再稍微说明一下"妖怪"这个词。虽说它的花茎很粗，但其巨大的断面并不是圆形，而是扁的椭圆形，头状花序也像毛毛虫一样连在花茎上。换句话说，它就像把普通的蒲公英排成一排，粘在一起。

我想做个妖怪蒲公英的标本，于是把它浸泡在酒精里，结果标本的颜色都掉光了。有人看到这个标本以后还问我："这是海葵吗？"

原来如此，的确很像。也就是说，这玩意儿看起来已经和蒲公英完全不沾边了。

蒲公英平时给人的印象是开朗、快乐、有活力，但是在这样可爱的蒲公英之中，却长出了样子像海葵的妖怪蒲公英，非常有冲击力。

正因为蒲公英"普通"，所以妖怪蒲公英的"怪"才格外引人注目。而且，正因为它"怪"才会吸引我们，让我们一直保持关注，甚至催生了学校里的"妖怪蒲公英文化"。

所谓文化，就是在某个地方诞生后传承下去的东西。妖怪蒲公英文化的发祥可以追溯到八年前，厚木等人当时还是初中生，在学校附近的空地上发现了一株"妖怪"。

每年一到春天就会出现

当时发现的妖怪蒲公英虽然花茎不如"蒲公英

1992-4-18

花已经全都开了

尽管如此，这株蒲公英还是很难让人觉得可爱。有学生想把这株妖怪蒲公英做成天妇罗，我做好之后给他一尝，如我所料，并不好吃

← 43mm

墙"那么粗，但其高度和花茎的扭曲程度等都令看到它的人叹为观止。虽然后来也发现了其他的妖怪蒲公英，但它给人留下的印象最深刻。与"一号妖怪"的相遇，改变了我们对蒲公英的印象。

迄今为止，我确实调查过西洋蒲公英和关东蒲公英的分布情况，但都没坚持下去。可以说，我对特意研究蒲公英没什么热情。但在遇到这种"奇怪"的蒲公英后，我的想法改变了。

"这是什么？"

"还想看妖怪蒲公英！"

我产生了这些想法，对普通的蒲公英开始认真观察。不只是我，学生们也一样。

正在变成茸毛

从上面俯视妖怪蒲公英的样子

　　知道有"妖怪蒲公英"，就会对普通蒲公英产生好奇，不知不觉地凑近仔细观察——这被我们称为"蒲公英效应"，它就是我们研究蒲公英的原动力。

　　不过，如果与"妖怪蒲公英"的邂逅止步于"一号妖怪"，恐怕就不会产生"妖怪文化"了。"妖怪文化"在我们心中生根发芽，确实始于与一号的邂逅，但真正让我们沉迷其中的原因，是两年后发生的一件事。

　　发现一号的两年后，学校附近的空地上一下子冒出了22株妖怪蒲公英。从那以后，每年一到春天，那里都会出现大量的妖怪蒲公英。

　　"今年的已经长出来了吗？"

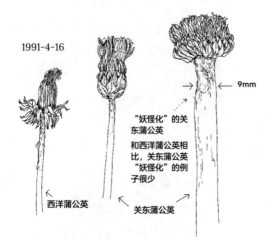

1991-4-16

"妖怪化"的关东蒲公英

和西洋蒲公英相比，关东蒲公英"妖怪化"的例子很少

9mm

西洋蒲公英

关东蒲公英

"操场上有妖怪蒲公英开花了哦。"

于是，每年一到春天，我周围的所有人都在兴致勃勃地交换关于妖怪蒲公英的情报。在此过程中，涌现出了伊藤、石井、瑞穗等专门寻找妖怪蒲公英的"专业"学生，每届学生毕业后都会有新成员加入，让这些情报得以传递下去。

据说还出没于北海道

1986年出现了一号妖怪。1988年，第一次看到妖怪蒲公英大量出现，数量22株。1989年总计发现23株妖怪蒲公英，1990年发现28株，1991年发现47株，

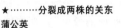
★·········分裂成两株的关东蒲公英

以妖怪蒲公英为契机，我也开始关注蒲公英其他形态的变体了

1992年发现51株，1993年发现27株。

1993年的情况是这样的。

4月9日。瑞穗今年第一次向我报告发现了妖怪蒲公英。每年学生都比我发现得早，让我知道"妖怪的季节"来了。

4月12日。一直告知我妖怪蒲公英分布情况的石井毕业了，我只好自己调查。我抓住正好在上学途中的宏子，和她一起调查妖怪蒲公英的分布。几天后，安田老师在初中二年级的课堂上要求学生们进行蒲公英调查。不管是我的调查还是初二学生的调查，都显示今年妖怪蒲公英的数量很少。

4月19日。已经毕业的石井打来电话，四年前他在自家院子种下了妖怪蒲公英的种子，今年院子里出现了妖怪蒲公英。

4月27日。发现了校内长有妖怪蒲公英的新地点。

6月6日。去北海道修学旅行的学生们告诉我"在各种地方都看到了妖怪蒲公英"，作为伴手礼，还给我带了妖怪蒲公英的"干尸"。

那么，这个妖怪蒲公英到底是什么呢？就像在北海道修学旅行的学生发现的那样，这种妖怪蒲公英并不是我们学校周边的特产。它是早已普遍为人所知的西洋蒲公英的畸形变化，被称为"带化畸形"。

带化畸形是在各种植物身上经常能看到的现象，指茎或者花茎呈带状展开的畸形。只是，为什么会出现这种奇怪的现象，仍然是个疑问。

另外，为什么这些妖怪蒲公英每年都会在学校附近出现，这也是个问题。对此，我想试着描述我们的思考方式是如何发生变迁的。

是致死疾病的前兆吗？

妖怪蒲公英在1988年大量出现时，我们都吃了一惊。

"是除草剂的影响吗？"

"难道是切尔诺贝利的……"

"是不是基因突变？"

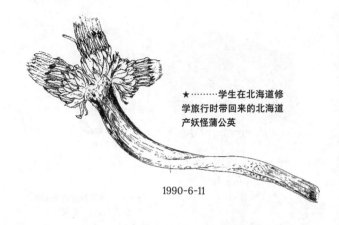

★⋯⋯⋯学生在北海道修
学旅行时带回来的北海道
产妖怪蒲公英

1990-6-11

　　众说纷纭。我也写信给兵库教育大学的山田卓三
老师，请教蒲公英的带化畸形。根据他的说法，有遗
传性和非遗传性两种情况。非遗传性的情况，例如茎
被踩了，可能导致这种畸形。之后，我又查阅了一些
书籍，似乎也有因为螨虫和病毒等刺激导致的带化
畸形。

　　不只是蒲公英，学生还带来过木茼蒿、皋月杜
鹃、三叶草等植物的带化畸形植株。不管怎样，妖怪
蒲公英每年是否都出现在同一个地方成为了大家最关
心的问题。

　　虽然以前我想都没想过，但是现在已开始迫不及
待地想看到春天时蒲公英开花了。

　　1989年，盼望已久的春天终于来了，妖怪蒲公英
果然出现了。它是从去年的妖怪蒲公英植株上开花的

紫色

黄色

顶部

★………菅沼带来的带化畸
形的园艺植物，菊花

1992-6-11

吗？但是，因为没有标记去年的植株，我无法判断。
这一年，他们还发现了新的妖怪蒲公英滋生地。

妖怪蒲公英在1990年和1991年都出现了。然后，
我注意到了一件事，为了确认，我焦急地等待着1992
年的春天。

果然如我所料。1992年春天，我在调查妖怪蒲
公英时确认了我的发现。去年那条长出许多妖怪蒲公
英，一度被去调查的初一学生们称为"妖怪路"的小
路旁边，这一年几乎没出现妖怪蒲公英。

也就是说，每年出现妖怪蒲公英最多的地方一直
在转移。不仅如此，我还注意到以前出现过妖怪蒲公
英的地方，连普通蒲公英的数量都在减少。妖怪蒲公

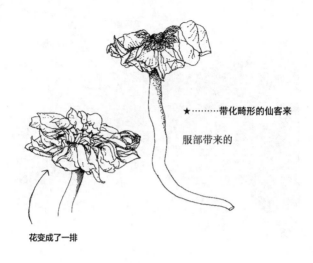

★⋯⋯⋯带化畸形的仙客来

服部带来的

花变成了一排

英的出现，对蒲公英来说是致死疾病的前兆吗？

今年，妖怪又会在哪里出现呢？

1993年春天，出现妖怪蒲公英的地方果然从去年的位置转移了。在1988年第一次发现妖怪蒲公英大量出现的地方，自1991年以后，就再也没看到过妖怪蒲公英了。在1989年发现过妖怪蒲公英的地方，在1989年到1993年这几年间出现的数量分别是11株→20株→4株→0株→2株，1990年是最高峰。所以，出现妖怪蒲公英的现象意味着出现了使蒲公英灭绝的可怕疾病吗？

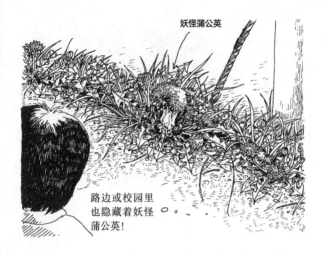

妖怪蒲公英

路边或校园里也隐藏着妖怪蒲公英!

就在我思考这些问题的时候，石井打来了电话。他为了确认这种妖怪蒲公英是否具有遗传性，四年前在院子里撒下了妖怪蒲公英的种子，此后便再没听他提过有妖怪蒲公英长出来。直到今年，他才说发现院子里出现了妖怪蒲公英。所以，这并不是因为疾病，而是来自遗传吗?

"不过，我只是把种子撒在院子里而已，所以我很怀疑它们是不是我撒下的种子长出来的。下次我把种子种在花盆里。"

他还和我说了这些。这么一来，是不是遗传仍然没有定论。另一方面，是否一旦妖怪化，植株就会死亡的问题，也必须靠准确标记妖怪化的植株才能得知。这个问题今年仍然没有答案，要留待以后解决了。

多亏了学校附近的"妖怪"骚动，学生们也开始在自己家附近寻找"妖怪"。1993年，学生们说在修学旅行地北海道看到了很多"妖怪"。此外，他们在长野、所泽（埼玉县）、武藏境（东京都下）等地也发现了单独生长的妖怪蒲公英。除了学校周边，还有其他像这样每年都大量出现妖怪蒲公英的地方吗？

我们还没有得出妖怪蒲公英谜题的确切答案，所以，我现在仍然很期待春天的到来。

"今年，'妖怪'会在哪里出现呢？"

与生物相伴的快乐一年

我们的春天，从山棕蛙产卵开始。

"喂~我是石井。今天我找到XX了"，晚上经常能接到他打来说这些的电话

★⋯⋯⋯石井（哥哥）
（妖怪蒲公英猎人）
抓虫技术也是No.1。找虫子的尸体比谁都快，而且捡来的都是好东西（？）。养山椒鱼等小动物的饲养技术也是一流

1993年1月28日，石井在学校的池塘里发现了山棕蛙的卵。这时候说是春天还有点早，但春天已经近在咫尺了。

接着是东京小鲵的产卵。曾经有一段时间，我迷上了产卵地调查。我接连好多天都去树林，为了赶在高尔夫球场在学校周围建成前做好产卵地的分布图。

4月。新学期在妖怪蒲公英的调查中开始。我还想寻找貉行走的小道，和学生们一起去看貉的集粪处。

伴随着植物的新绿，虫子也来了。我又是忙着给卷象做摇篮，又是找步甲找到天黑，又是为打开象鼻虫张不开的翅膀而惊讶。得到了日本鼩鼱的尸体，我只能先放进冰箱，在修学旅行的地方和学生们一起在陌生的大自然里欢闹。

★⋯⋯⋯东京小鲵

东京小鲵妈妈和卵
1989-3-18 石井带来的

暑假很忙。尽管如此，我还是在校内的木材放置场寻找独角仙幼虫，哲学家佐久间给我泼冷水："不管什么东西都会从这儿经过。"

　　暑假结束以后，大家聊起了旅行。小稔捡回来的尸体让我大吃一惊，我在旁边画下了他做的骨骼标本。

　　貉的尸体，各种各样的蘑菇……秋天也给我们带来了接连不断的快乐。大林姬鼠、巢鼠，还有鼯鼠，夜晚的自然观察也不能放弃。再多给我一点时间吧，就在我这样嘟囔着的时候，秋天已经过去了。

　　我的冬天就是进入落叶的树林，和安田一起寻找越冬昆虫。我在麻栎的树干上发现了黑门娇异蟥的卵块，在家里的阳台上翻到堆积的虫子尸体。

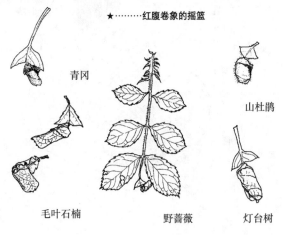

★………红腹卷象的摇篮

青冈

山杜鹃

毛叶石楠

野蔷薇

灯台树

★………白鬼笔截面图
茎的部分可以食用

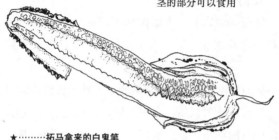

★………拓马拿来的白鬼笔
1990-11-7

白鬼笔是一种形
状奇特的蘑菇。
因其奇特的形状，
学生们看到后如
获至宝地采
下来带给
了我

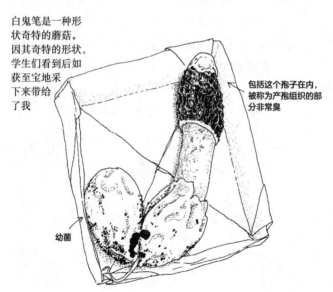

包括这个孢子在内，
被称为产孢组织的部
分非常臭

幼菌

春天快来吧。但是，冬天也请再多留一会儿吧。还有好多东西都还没来得及好好观察。

日子就这样流逝着，我们的兴趣也在不断变化。

越来越沉溺于"怪事"

我们每天都在不经意间与生物相遇。平时没有注意到的事情会以小小的"怪事"为契机，让我们不由得沉溺其中。从这种意义上来说，昆虫、蘑菇、植物以及野兽都很有趣。

"把想做的事都做做看呗。"

听到我抱怨说没有闲暇时间，朋友拓马这么跟我说。是啊，三田老师不是也说过嘛。

我在街上偶遇毕业生枫真，她以前是解剖团的成员。我们一边走一边聊着她未来的方向。

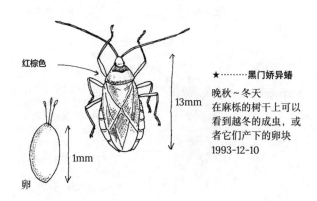

红棕色 →

13mm

1mm

卵

★⋯⋯⋯黑门娇异蝽

晚秋～冬天
在麻栎的树干上可以看到越冬的成虫，或者它们产下的卵块
1993-12-10

"要是能找到一种属于枫真的了解世界的手段，或者说尺度就好了，什么都可以。"

"是啊，什么都可以。我现在还没有决定未来要走的路，反正先试着做点什么吧。"

和枫真聊天时，我不由得再次提醒自己：我们每个人都想拥有属于自己的了解世界的方式。

我确实喜欢生物。比起以前，我好像更喜欢现在。对我来说，观察生物其实就是一种属于我的了解世界的方式。

契机是什么呢？也许是在屋久岛山中发生的那些事吧。

我从小就和生物打交道，这在不知不觉中筑成了

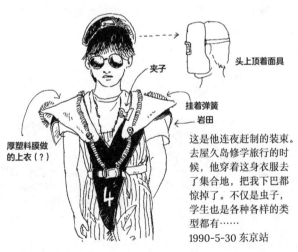

头上顶着面具

夹子

挂着弹簧
岩田

厚塑料膜做的上衣（？）

这是他连夜赶制的装束。去屋久岛修学旅行的时候，他穿着这身衣服去了集合地，把我下巴都惊掉了。不仅是虫子，学生也是各种各样的类型都有……
1990-5-30 东京站

我的根基。而让我想在这个根基上再稍微往高处蹦一蹦的契机，就是屋久岛的经历。但这绝不是全部。

成为老师也是一种契机，它让我成为现在的我。同时，这也为现在的我再筑了新的根基。老师可以和学生一起去看大自然，如果不好好利用这来之不易的身份就太可惜了。

当了几年老师后，我再次产生了这样的想法，于是我决定把学生们带来的东西事无巨细地记录下来。

今后也要努力捡尸体

回头一看，我还真是个兴趣广泛的人。我看着虫子的时候就想看蘑菇，过了一会儿兴趣又转到了貉身上。虽然可以说我这样是没长性，但反过来说，也是

"找到四只手的海星了哦……"

1993-5-25

在修学旅行地
冲绳西表岛

小舞

　　　　　　　　Chapter 04 怪人的快乐世界

农田里突然出现了蛋！

收到了附近的人的通报——"早上起来以后，发现田里有颗蛋，这是什么蛋啊？"光听这些话也无法搞清楚情况，赶快把蛋拿过来看看吧。拿回来一看，原来是附近人家的番鸭（一种像鸭子的家禽）大老远跑过来下的蛋

麻雀上吊了！

"麻雀上吊了！"
听到学生的通报以后我吓了一跳，赶紧去了现场。应急台阶上方房檐的钢筋上的确挂着一只麻雀。我勘察完现场后的结论是，这只麻雀应该是在房檐上的钢筋里筑巢时，被用来筑巢的渔线缠住，勒死了

"我要把所有的生物都看个遍"的气势。这不是也挺好的嘛。

日常生活中都是些琐碎的事情，学生们带来动物尸体的故事也不是每次都那么有趣。但是，我每次都会试着和他们聊天，经常聊着聊着就突然有了发现。日本鼩鼱的尸体也是，收集到了二三十具尸体以后，我怎么都能讲出点什么了。

日常的根基建设和飞跃的契机每天都会交错来到我们面前。如果光靠自己无法分辨，那就尽可能接受到来的一切，说不定有的会突然发出警报。

尸体恶心，虫子恶心，喜欢尸体的人很奇怪，喜欢虫子的人很奇怪。是这样吗？不是的。

★⋯⋯⋯裕子她们捡来
的三道眉草鹀的尸体

1993-11-25

恶心的东西也充满着乐趣。怪人才有趣。不能发现这种乐趣不觉得有点可惜吗?

"我们甚至可以从尸体身上看到这个世界。"

现在的我有了这样的想法。毫无疑问，和学生们之间的关系造就了这样的我。

所以，我打算今后也和学生一起去捡更多的尸体。

最后一句

连休结束了。我在学校里看到了小稔，便上前和他搭话：

"怎么样？捡到什么了吗？"

"六个头骨！还有好多脊椎骨。已经很厉害了。"

我看着塞满六个纸箱的骨头，诧异到完全说不出话来。

春假时，我去了九州的五岛列岛旅行。小稔在北海道捡来的海豚骨头激发了我的斗志，我很幸运地找到了领航鲸的头骨。但遗憾的是，骨头上还粘着腐肉，我怎么也提不起勇气去捡，只拣了几块脊椎骨和下颌的骨头带回去，我向小稔报告了这件事。

小稔听说了以后，利用连休去了五岛列岛。结果，不光把我没捡的头骨给捡回来了，还捡来了数量超过我好几倍的骨头。

"哎呀，在沙滩上发现这个骨头的时候，我太高兴了，兴奋得在沙滩上跑来跑去。我自己都觉得我看起来很奇怪。不过，那种高兴的心情是我没有开始捡骨头时永远无法体会到的。"

"嗯，我明白，我非常能理解那种心情。"

那天我正好在学校宿舍住，所以我们聊到很晚。另一名住宿生也加入了谈话。

"这次的骨头没那么臭。不过，捡那么多干什么呢？是觉得捡骨头有意思吗？还是喜欢收藏这些？"

被这么一问，我和小稔不由得面面相觑。

"收藏也很有趣，但怎么说呢，是一种复合型的有趣……"

对于小稔的这个回答，我也有同感。

"为什么要捡骨头？"

"捡骨头有意思吗？"

虽然我想回答这类问题，但很难用一句话表达。我希望这本书能让读者多少理解我的想法。

我已经当了十年老师了，但现在我依然不擅长和人说话，包括学生在内。说实话，在野山上与生物打交道的时候我觉得最快乐，心情轻松。虽然这么说很对不起学生，但是和他们交往很累。不过就是这样，不管我喜不喜欢，他们都会打破我紧闭着的外壳。如果课讲得不好，学生的反应可是毫不留情的。而且，他们还会发现我想不到的东西，让我惊讶，让我懊恼。

突然想到，如果我能蜗居在山里过仙人般的生活该有多好啊，可我又立刻想到，如果那样的话，毋庸置疑，我就无法接触到现在这些刺激了。总之，虽然伴随着烦恼，但我觉得自己正在接近小时候的"梦想"。

最后，我要感谢推荐我出版这本书的动物社的久木亮一先生，以及让我认识久木先生的金井冢务先生。

文库版后记

十五年过去了。

我从自由之森学园离职之后，移居到了冲绳。我第一年没有工作，后来参加了朋友创办的自由学校的活动，从而进入了以培养教师为目的的大学。

我生活在冲绳政府的所在地那霸市，从家到大学走路要三十分钟左右，放眼望去全是高楼大厦，根本见不到意外死亡的貉的尸体之类的东西。总体来说，冲绳市的陆栖哺乳动物种类有限。

尽管如此，我慢慢发现，在冲绳遇到的学生似乎都很喜欢骨头。如果找不到貉，他们就去找海龟和獴。于是，大学的理科实验室一点点地变成了"骨头房"。

有一天，我为了参加某个活动去了趟大阪。

讲台上，小稔正在说明标本的剥制方法。小稔的身旁是一位从德国来日本的博物馆标本师，他正在用一具乌鸦的尸体演示实操过程，小稔负责解说。小稔的讲解让会场里的人都听得非常入神。这是大阪市立自然史博物馆第三十九回特别展"骨骸探险队"中的一个环节。全国各地的骨头爱好者齐聚一堂，又称"骨头峰会"。

高中毕业的小稔来找我商量将来的出路时，我对他说了一则我听说的信息："德国好像有专门制作标本的学校。"小稔得到这个近乎捕风捉影的信息后，就义无反顾地去了德国。而且他真的找到了那所学校，并成功

273

入学了。小稔在位于鲁尔区的波鸿市立标本制作技术职业专门学校学习了三年，毕业后成为一名标本师。之后，他又在德国威斯巴登州立博物馆担任了七年的标本师，然后回国。

邀请小稔来参加演讲的，就是曾经给我送过牛脐带的真树。真树从人文系大学毕业后不久，进入了大阪市立自然史博物馆工作。不久，真树在博物馆里开展了标本制作的志愿活动。这个活动连小学生也参与进来了，以"难波骨头团"闻名于世。能在大阪市立自然史博物馆举办"骨骸探险队"企划展，也正是因为"难波骨头团"的活动。

我站在真树主办的活动的会场一角，感慨地看着小稔演讲的样子。

他说："长江后浪推前浪，不知不觉间，我已经被后辈们超越了。"

那么，想想如何才能反败为胜吧。

要不要去什么地方找找骨头呢？

本书初版发行于1994年，之后在出版社一直处于脱销状态。本书的韩文版也已发行，加上这次的文库版，对作者来说都是意料之外的惊喜。这次推出的文库本，我对内容只做了最低限度的订正。另外，在准备发行文库本的时候，初版发行方动物社的久木亮一先生很爽快地给予了许可。特此表示感谢。

小稔现在在神奈川县立生命之星·地球博物馆工作，让标本师的工作在日本也得到认可。真树除了参加难波骨头团的活动外，还创作了《骨骨探险队》《骨骨水族馆》（均由爱丽丝馆出版）等绘本。本书中其他的登场人物，现在也在各个领域活跃着［比如安田守老师因出版《毛毛虫手册》（文一综合出版）等著作而成了知名的昆虫摄影师］。本书因为有他们的存在才能成书。再次向本书中的各位登场人物表示感谢。

　　在阅读本书的读者中，如果有人对骨骼标本制作感兴趣的话，我推荐您参考拙著（与安田守合著）《骨头学校》（木魂社）等。另外，大阪市立自然史博物馆将于2011年10月9日举办第二次"骨头峰会"。来到这样的地方，就能与其他被骨头的魅力所吸引的人建立起联系。

　　最后，我希望能有更多的人对自然产生兴趣。

2010年12月20日

　　　　　　　　　　　　　　　　　文库版后记

解说 怪人谱系

喜欢自然的人很多，通常被认为有点古怪，这一点几乎全世界都一样。

英国把这种人称为"博物学者（Naturalist）"。日本没有相对应的词语，往往管他们叫怪人，大概人们也都是这么想的吧。

日本虽然自然资源丰富，但我觉得日本人缺乏对此事的认知，因为他们都想住在城市里，喜欢所有人集中在一起。日本西部地区的自然森林的新绿之美无以言表，展现了植物惊人的多样性。不过，一般人喜欢的还是红叶，驾驶地图上也到处是红叶的标志，人们对自然的理解似乎千篇一律。

自然中有美丽的事物，也有丑陋的事物。人们一听到天然食品，就觉得它是"好"的，但几乎没有人认为地震、火山喷发、尸体这样的自然"好"。城市化发展似乎将自然与"好"画上等号，但其实自然既不"好"也不"坏"，自然就是自然，是万物都保持本真。只有坦率地接受并关注这样的自然的人，才能被称作博物学者，本书作者就是典型。

自然之所以"好"，是因为人类社会朝人工的方向过度发展了。人们习惯了城市生活后，会觉得自然是与自己无缘的东西，而作者正是从这样的人类世界中发现自然的。动物的尸体、蟑螂、畸形的蒲公英等，都是自然的象征。为什么蒲公英是畸形的呢？或许它正象征着人类呢。自然会产生像人类一样"奇怪的东西"。观察自然，其实就是在观察自己。

田里的稻子在水、土和空气中生长，才结出了大米。大米成为我们身体的一部分，所以我们的身体是自然的产物。但是，现在又有多少人在看到稻子和泥土时，认为它们迟早会"成为自己的一部分"呢？古人有"生之于土，归于土"的说法，而现代人大概认为泥土与自己无关吧，到处覆盖着的水泥和沥青就是证据。

作者把看到的东西都画成了画，这大概源于日本的传统。要记录自然，光靠语言是不够的，有些东西"无法用语言表达"。日本文化正是因为明白这一点，所以人们才用绘画以心传心。城市则试图"用语言表达一切"，所以《圣经》才会写"太初有道"。城市里除了人，就是人制造的东西，语言的确够用了，而那些无法言说的被当作"不存在"，所以只有城市才会发生"不该存在"的事情。而在自然中，那些"本就存在的东西避无可避"，对台风和地震说"不该存在"纯属徒劳。

作者的画很有说服力。书里记录的小插曲也很有日本特色——作者学生时代去了屋久岛，胡乱写生，在家里把画"誊"给尊敬的老师看，老师却说"画是死的"。这是个很好的故事，但现在已经很少有人能听懂了。我不禁想，恐怕对大部分人来说，画就是画而已，根本没有生死之分。

画是活是死要靠"眼光"来分辨，不是画本身。博物学者要训练自己的眼光，而都市生活扼杀了它，所以我们最缺乏的就是"看人的眼光"。这种眼光消失了，被代之以考试。无论是入学还是晋升，考试成绩都是关键。一切都变成分数、金钱和股价。分数和金额是为没有"眼光"的人准备的。电视上的"鉴宝"节目中，最让现场观众激动的环节是猜"这个多少钱"。

　　想知道昆虫的大小，可以根据特定部位的比例来测量。如果差异超过10%，人一眼就能看出来。如果单凭目测看不出比例差异，那么差异大致在10%以内。即使在此基础上进行更精密的测量，也无法得知统计上是否存在差异。简言之，比起测量，更重要的是"一眼能看出来"。不过因为统计处理的是测量的对象，而不是观看统计结果的人，所以，使用统计数据的人可能会看不懂统计数据。就算统计再精密，如果观看统计结果的人不能理解这种精密，统计的精密就没有意义。即使说一种疾病的致死率是14%，但对于患病的当事人来说，生死的概率也是五五开。

　　画之所以有效，也是出于这个原因吧。画表现的是作画者的精密，而不是所画对象的精密。与作画对象紧密联系的画叫作图。但画与图的界限并不分明，所以江户时代才会有手绘地图这种东西，展现所画对象与作画者之间的相关性，而非纯然客观或主观的二元对立，这就是日本特色。因为我是日本人，所以我一看到这样的

279　　　　　　　　　　　　　　　　　　　　**解说 怪人谱系**

东西就感觉松了一口气。我想作者一定是个好老师，他的弟子们才会被他吸引，都成了骨头专家。

最近，我参加了好几次初釜茶会[1]。每场茶会必有对茶具的讲解，我一边听一边想，这种讲解所蕴含的内核，和昆虫爱好者对标本进行的讲解真是异曲同工啊。这或许也是日本的传统。

我曾问已经去世的英国罗斯柴尔德家族的成员米丽亚姆·罗斯柴尔德："什么是博物学？"米丽亚姆的父亲是研究跳蚤的专家，叔叔是蝴蝶收藏家，她的回答让我印象深刻，"它不是大学里教授的科目，而是人的生活方式"。

如今，森林面积仍占国土面积近七成的"文明国家"在世界上屈指可数，如果这个国家越来越多的人不去接触大自然，那就出问题了。虽然作者是个怪人，但也许作者的生活方式才是理所应当的。

(养老孟司 解剖学家)

1　庆祝年初第一次使用釜的新年茶会，是日本茶道一年中最隆重的茶会。